U0077935

圖解 IOT

物聯網的開發技術與原理

注意事項：購買、使用前務必閱讀

■ 免責聲明

本書所記載的內容僅為提供資訊之用，相關運用請基於讀者自身的責任與判斷。關於運用本書資訊所產生的結果，恕技術評論社與作者不負任何責任。

本書記載的內容若未特別聲明，皆是根據 2020 年 9 月時的資訊撰述，各項資訊內容可能無預警變更。

請於同意上述注意事項後，再翻閱本書的內容。未閱讀注意事項的相關諮詢，恕技術評論社與作者不予回覆，還請各位諒解。

■ 關於商標、登錄商標

本書所記載的公司名稱、組織名稱、產品名稱、服務等，皆為各公司組織的商標、登錄商標或者商品名稱，正文不會另外明記 ™ 符號、® 符號。

ZUKAISOKUSENRYOKU IoT KAIHATSU GA KORE 1SATSU DE SHIKKARI WAKARU KYOKASHO
by Daisuke Bando
Copyright © 2020 Daisuke Bando
All rights reserved.
Original Japanese edition published by Gijutsu-Hyoron Co., Ltd., Tokyo
together with the following acknowledgement:
This Complex Chinese edition is published by arrangement with
Gijutsu-Hyoron Co., Ltd., Tokyo in care of Tuttle-Mori Agency, Inc., Tokyo

序言 Rreface

◯ 本書的前言

本書將會解說「物聯網」（IoT：Internet of Things）開發的基礎事項。網際網路正迎接以網路連結所有「物體」的物聯網時代，正文會透過產品開發的流程，輔以重要關鍵字，解說物聯網時代製造產品的所需知識。雖然市面已有眾多物聯網的相關書籍，但內容不是「博而不精」就是「狹隘精深」，少有「博而精深」又「淺顯易懂」的書籍。本書就像是「塞滿年節料理的多層便當」，會在頁數允許的範圍內，深入解說物聯網技術的運作原理（How）與存在意義（Why）。

本書的構成分為第 1 章（物聯網的基礎）、第 2 章（裝置與感測器）、第 3 章（通訊技術與網路環境）、第 4 章（大數據）、第 5 章（雲端技術）、第 6 章（總結），會在第 2 章～第 5 章分別深入解析第 1 章提及的基礎事項，再於第 6 章談論發展（應用）方面的內容。本書的「資訊密度」十分濃厚，一本書即可高效學習物聯網的基礎。

筆者深受技術評論社矢野俊博編輯的照顧，多虧矢野編輯盡心盡力的幫忙，本書才得以在新冠疫情中順利出版，真的非常感謝。當然，筆者也衷心感謝從眾多相關書籍中拿起本書的讀者，若想要請教本書敘述不清楚的地方，歡迎隨時與筆者聯絡（聯絡方式請見書後的「作者簡介」）。

2020 年 11 月　坂東 大輔

目錄 Contents

第 1 章 | 何謂物聯網開發？

01 何謂物聯網開發？
〜萬物連結的世界逐漸成真〜 010

02 物聯網開發的特徵
〜多種多樣的技能組合〜 014

03 物聯網開發的流程
〜從企劃到產品上市〜 016

04 物聯網開發的企劃
〜由使用者體驗討論產品開發〜 020

05 物聯網裝置與感測器的類型
〜產品化與大量生產〜 024

06 物聯網路的類型
〜功耗量與故障容許度〜 028

07 應用程式開發
〜雲端原生與 API 優先〜 032

08 系統的維運管理
〜利用全面託管服務的系統〜 038

09 物聯網資安指引
〜物聯網推廣聯盟的五大指引〜 042

10 應該留意的法令規範
〜電波法與無線模組的相關認證〜 046

第 2 章 | 物聯網裝置與感測器

11 何謂物聯網裝置？
～連線網路的「物體」～ 052

12 物聯網用的感測器模組
～感測器的種類與可取得的資訊～ 056

13 物聯網中的微控制器
～低功耗的積體電路～ 060

14 單板電腦
～物聯網開發與原型設計～ 066

15 原型設計用的裝置
～ Arduino 與 Raspberry Pi ～ 072

16 物聯網閘道器
～雲端時代的通訊設備～ 076

17 物聯網裝置的程式設計
～多種多樣的程式語言～ 078

18 韌體設計
～物聯網中的「無名功臣」～ 086

19 邊緣運算
～物聯網裝置的即時處理～ 090

20 物聯網使用的網路環境
～服務帶來多樣化的網路系統～ 098

21 物聯網路的選擇
～留意物聯網通訊的消長特性～ 102

22 安全利用 Wi-Fi
～居家物聯網不可欠缺的通訊基礎～ 108

23 可遠距利用的 LTE
～以 LTE-M 擴大覆蓋範圍～ 114

24 物聯網的次世代行動通訊方式
～最適合物聯網的 5G 網路～ 126

25 低功耗的無線通訊技術（LPWA）
～ LoRaWAN、Sigfox、NB-IoT ～ 136

26 利用省電的藍牙
～克服 BLE 的耗電問題～ 152

27 物聯網的互相通訊
～輕量級協定 MQTT 與 WebSocket ～ 156

28 加密與認證技術
～防範竄改、身分竊盜、攔截的對策～ 164

第 4 章 │ 物聯網資料的處理與運用

29 結構化資料與非結構化資料
～有助於分析的 XML 資料與 JSON 資料～ 180

30 物聯網的資料儲存
～ NoSQL 與分散式鍵值儲存～ 186

31 文件導向型資料庫
～處理多樣的資料～ 196

32 即時處理與分散處理
～ Apache Hadoop 與 Apache Spark ～ 202

33 物聯網與機器學習
～人工智慧學習後變聰明～ 208

34 深度學習的框架
～活用於偵測異常、控制裝置～ 218

第 5 章 │ 雲端運用

35 物聯網的 PaaS
～加速應用程式的開發～ 228

36 AWS 的物聯網雲端服務
～透過 AWS IoT Core 安全連接裝置～ 232

37 管理大規模的物聯網系統
～ AWS IoT Device Management 的裝置管理～ 238

38 在雲端上執行程式碼
～利用 AWS Lambda 執行程式～ 246

39 分析物聯網裝置
～ AWS IoT Analytics 的高速資料解析～ 252

40 深度學習的物聯網裝置
～使用 AWS DeepLens 的物聯網系統～ 258

第 6 章 │ 物聯網開發的案例

41 物聯網的開發實務
～物聯網好比「異種綜合格鬥技」～ 266

42 裝置設計與原型設計
～電路設計與基板設計～ 272

43 建置資料互相通訊的環境
～選擇最佳的通訊協定～ 278

44 選擇開發平台
～利用雲端的高效開發環境～ 284

45 裝置程式設計
～嵌入式程式設計（開發韌體）～ 290

46 開發物聯網應用程式
～活用網頁的 App 開發～ 298

47 資料預處理與回饋控制
～有效活用大數據～ 304

48 維運系統
～留意資訊安全的系統～ 308

參考文獻 References 314

索引 Index 317

第 **1** 章

何謂物聯網開發？

物聯網好比「IT 的綜合格鬥技」，不單純僅有軟體開發，還需要各方知識、技能與經驗，如「裝置」、「感測器」、「網路」、「大數據」、「人工智慧（AI）」、「雲端服務」、「資安防護」、「法令遵循」等。想要從事物聯網的開發，如前所述需要以「全端工程師」（Full Stack Engineer）為目標。

01 何謂物聯網開發？
～萬物連結的世界逐漸成真～

明明「物聯網」一詞廣為人知，其定義、涵蓋範圍卻模糊不清，有時甚至被當成流行用語（buzzword）。在具體討論物聯網開發之前，先來釐清相關概要。

⊙ 物聯網的概要

「物聯網（IoT：Internet of Things）」直譯為「物體的網際網路」，其中「物體」是指「所有可能連接網路的物體」，從電鍋、冰箱等家電，到垃圾桶、足球、商務皮鞋，任何想得到的東西都可能成為物聯網的一員。涵蓋範圍如此廣泛，也是物聯網的定義模糊不清的原因之一。

■ 何謂物聯網（IoT）？

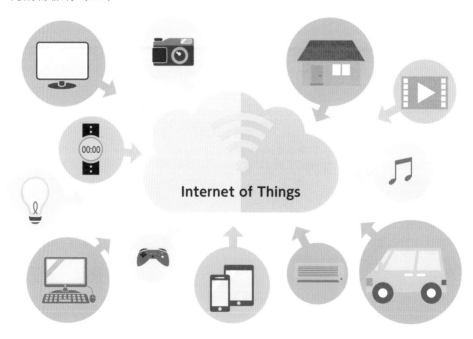

◯ 物聯網的整體流程

粗略來說，物聯網的整個流程為，①在全球各地部署感測器，②經由無線網路上傳量測數據，③再於網路雲端伺服器統一處理，視需要加入④人工智慧（AI：Artificial Intelligence）解析、⑤遠端操作裝置。然後，物聯網也可根據蒐集數據的分析結果，實現遠端操作裝置的「回饋控制」。

■ 物聯網的概略圖

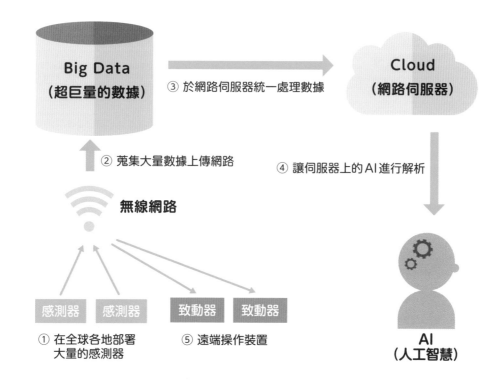

◯ 物聯網的重要性

若要用一句話描述物聯網的重要性，當屬「創造龐大的商務機會」。現存於全球各地的裝置（機器產品），大部分都尚未連接網路。

這些未連線的裝置全部連接網路後,將會一口氣增加感測器、通訊設備、嵌入式微控制器等硬體產品的需求。

理所當然,這也會帶動經營這類產品的企業成長。然後,活用物聯網過去未蒐集(黑箱)的數據,也可提升既有事業的附加價值,催生各種新創企業。

日本國內的物聯網基礎設備市場,2019 年的支出總額高達約 998 億日圓。物聯網市場目前已具有龐大的規模,但擴展這塊「未開發之地」後可能會有更進一步的成長。IT 專業調查公司的 IDC Japan 股份有限公司預測,2018 年 228 億台的全球物聯網裝置,將於 2025 年成長至 416 億台。

■ 物聯網市場的成長

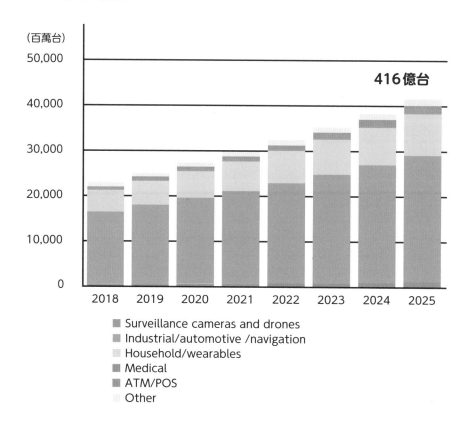

資料來源:https://www.idc.com/getdoc.jsp?containerId=prJPJ45371219

◎ 工業 4.0（第四次工業革命）

與物聯網密切相關的關鍵字，還有由德國率先倡議的「工業 4.0」（Industrie 4.0）。「工業 4.0」意為「全球第四次工業革命」，而物聯網是「工業 4.0」的構成要素，帶來工業革命等級的衝擊。

■ 工業 4.0

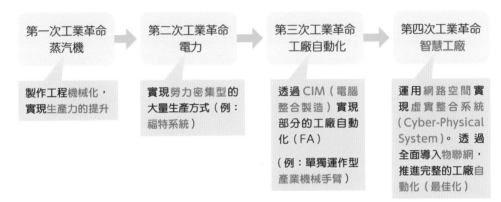

近兩次工業革命的差異在於「可最佳化生產效率的範圍」，第三次工業革命推動某種程度的工廠自動化、效率化，但僅限於局部的範圍。裝置採取彼此不聯繫的「單獨運作」，能夠提升的效率有限。而第四次工業革命全面活用網路，試圖實現全方位的最佳化。

✎ 總結

▫ 物聯網是「物體的網際網路」，涵蓋範圍無限廣泛。

▫ 物聯網的市場規模非常龐大，將來仍有莫大的成長空間。

▫ 物聯網是「第四次工業革命」中的一個環節。

02 物聯網開發的特徵
～多種多樣的技能組合～

物聯網開發需要精通軟體、硬體，以及物聯網特有的資安防護、法令遵循。

● 物聯網開發的重點與所需的技能組合

除了一般軟體開發的知識、技能外，物聯網開發還需要其特有的知識、技術。

・電機電子

「**電機電子**」的具體例子可舉電工運作，需要瞭解歐姆定律、克希荷夫定律（Kirchhoff Circuit Laws）等理論，與電阻、電容等電子元件的知識，還要有能力解讀電路圖、操作示波器（oscilloscope）等量測裝置。

・無線通訊

物聯網（IoT）的 I（Internet）非指有線網路，而是「**無線通訊**」的網路。無線通訊是藉由電波來實現，而電波的性質會因無線通訊方式而異。實現物聯網時無法避免接觸無線通訊，需要學習有關電波性質的基本知識。

・資安防護

物聯網系統的「**資安防護**」漏洞通常比一般資訊系統更多，這是因為其裝置大多暴露於不特定多數人面前，而且廣範圍分布部署的緣故。簡言之，物聯網系統「易攻難守」，需要相關對策彌補其特有的資安漏洞。

・**法令遵循**

「**法令遵循**」是遵照法令規則的意思。即便是與一般系統開發不太相關的法律、規範，也有可能大幅限縮物聯網的開發。

物聯網需要「博而精深」的技能。就理想而言，期望具備相當於高等資訊處理技師測驗（ITSS 四級）「嵌入式系統專家（Embedded Systems Specialist）」的實力。

下面來看各物聯網領域應該習得的技能（關鍵字）。

■ 各個物聯網領域應該習得的技能

領域	關鍵字
物聯網裝置	單板電腦（Raspberry Pi、Arduino）、物聯網閘道器
感測器	感測器（溫濕度、超音波等）、介面（I^2C、SPI、UART）
電子回路	微控制器（PIC、ARM）、ASIC、FPGA、協同設計
通訊協定	MQTT、WebSocket
無線通訊	Wi-Fi、5G、LTE（LTE-M）、LPWA、LoRaWAN、NB-IoT、Sigfox、Bluetooth（BLE）
大數據	結構化資料與非結構化資料、JSON、XML、NoSQL、分散式鍵值儲存、文件導向型資料庫
資安防護	網路攻擊對策、加密技術、認證技術、物聯網資安指引
人工智慧（AI）	機器學習、深度學習
程式設計	程式語言（組合語言、C、Java、Python 等）
雲端運算	API、PaaS、AWS IoT Core、Google Cloud IoT Core、Microsoft Azure IoT
法令遵循	PSE、電波法與「技術基準符合證明」、個人資訊保護法
開發技術	UX、敏捷式開發、PoC、原型設計、邊緣運算、即時處理

總結

▣ 除了一般的 IT 知識外，還需要習得物聯網特有的知識。

▣ 期望具備相當於嵌入式系統專家的實力。

03 物聯網開發的流程
~從企劃到產品上市~

物聯網需要多種多樣的技術，技術理論傾向被認為是關鍵所在，但實際情況卻是「企劃才是物聯網的命脈」，僅注重個別技術可能陷入「見樹不見林」的窘境。

◉ 物聯網是「反覆嘗試」的世界

在 IT 業界會以「dog year」比喻像小狗一樣迅速成長，當中又以物聯網的變化特別劇烈。

非 IT 的工程業界（厚重長大型產業）過去重視「**PDCA 循環**」（Plan-Do-Check-Action），但卻也常卡在企劃（Plan）階段，而被具靈活性的新創企業超越。在這樣的背景下，「**OODA 循環**」（Observe-Orient-Decide-Act）成為業界的新寵兒，此循環也被用於物聯網商務上，如實地展現「坐而言不如起而行」的態度。

■ 物聯網是「反覆嘗試」的世界

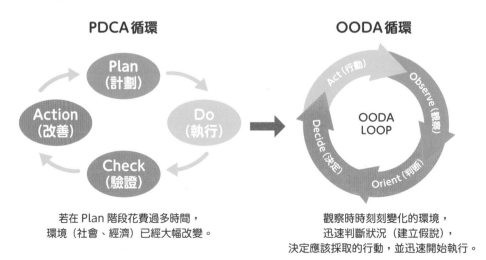

PDCA 循環

- Plan（計劃）
- Do（執行）
- Check（驗證）
- Action（改善）

若在 Plan 階段花費過多時間，
環境（社會、經濟）已經大幅改變。

OODA 循環

- Act（行動）
- Observe（觀察）
- Orient（判斷）
- Decide（決定）

OODA LOOP

觀察時時刻刻變化的環境，
迅速判斷狀況（建立假說），
決定應該採取的行動，並迅速開始執行。

OODA 循環和 PDCA 循環的決定性差異在於「先做再說」的態度。

物聯網商務是「擊千中三（射擊千次僅打中三次）」的業界，必須抱著「亂槍總會打中鳥」的心態不斷反覆嘗試。

●「企劃」是物聯網的命脈

一般來說，人們傾向認為物聯網注重技術理論，但更重要的其實是「標榜什麼樣的理念」的精神論。換言之，在最初的企劃（物聯網商務的目的、思想、理念精神）建立階段不順利，其他什麼都是徒勞。

在規劃物聯網商務的時候，分為「**由下而上方式**」（Bottom-Up Approach）和「**由上而下方式**」（Top-Down Approach）。

■ 兩種企劃方式

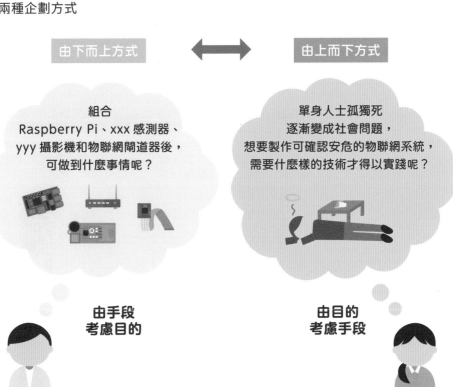

由下而上方式是，先集結「既存」技術，再思考可做到的事情。而由上而下方式是先舉出自己想要做的事情（場景），再思考需要哪些技術。

理工出身的工程師往往僅關注技術，傾向採取由下而上方式。

然而，僅集結物聯網系統的構成要素，未必就能夠讓物聯網商務成功。在規劃物聯網商務的時候，應該採取由上而下方式，比起討論「物聯網可做到什麼的事情」，更應該思考「想要用物聯網實現的事情」。

◯ 行銷測試的重要性

雖說反覆嘗試很重要，但企業的人員、資金、時間等資源是有限的。

因此，在製作販售（量產）正式的新商品之前，需要做行銷測試（test marketing），打樣各種試驗品（原型）來蒐集 β 使用者（協助評價試驗品的顧客）的回饋。一般來說，行銷測試的流程如下：

■ 行銷測試的流程

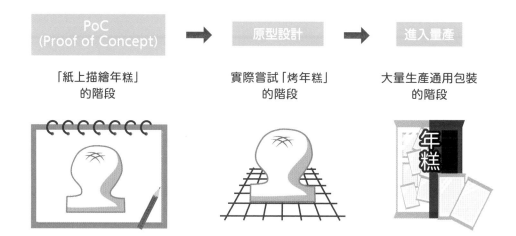

- PoC（Proof of Concept）

「PoC」（Proof of Concept）是指，檢討實現新構想的可能性。

製作硬體試驗品需要相應的資金、時間、勞力，為了不白白浪費這些成本，最好先確認該想法可不可行，並獲得相關人員的合議。

- 原型設計

製作量產產品前的試驗品（原型），稱為「**原型設計**」（prototyping）。

雖然產品在此階段尚未完成，但已可實際操作測試，建議募集 β 使用者來蒐集試驗品的回饋（評價）。由於開始量產後就難以修正，在原型設計階段修正是比較現實的做法。

- 進入量產

根據 β 使用者的回饋完成滿意的設計後，接著就要進入正式產品的**量產**（mass production）。一般來說，在進入量產階段前，已經解決試驗品的設計問題，量產品的品質通常高於試驗品。

總結

▢ 在「擊千中三」的物聯網商務，需要透過「OODA 循環」反覆嘗試。

▢ 規劃物聯網商務的時候，應該採取「由上而下方式」。

▢「行銷測試」的流程是「PoC」→「原型設計」→「進入量產」。

04 物聯網開發的企劃
～由使用者體驗討論產品開發～

「UX」(User Experience) 與物聯網息息相關。物聯網深深融入日常生活當中，人類無法完全與物聯網劃清界線，同樣也逃離不了討論使用者體驗。正因如此，如何提升使用者體驗，是物聯網至關重要的課題。

○ UX 的概要

如前所述，在規劃物聯網開發的時候，應該採取由上而下方式。

此時，首要的關鍵字是「UX」(User Experience)。「UX」是指，顧客 (User) 使用產品、服務所獲得的體驗 (Experience)。

「體驗」不單指愉快、滿意等正面反應，也包括不愉快、不滿意等負面反應。UX 存在各式各樣的定義，下面介紹兩個具代表性的例子：

■「UX」的定義

ISO9241-210的定義

Person's perceptions and responses resulting from the use and/or anticipated use of a product, system or service.

→人使用或者預期使用產品、系統、服務而產生的感受與反應

UX概念提倡者唐納. 諾曼 (D.A. Norman) 博士的定義

"User experience" encompasses all aspects of the end-user's interaction with the company, its services, and its products.

→UX 包括終端使用者與企業、服務、產品互動中的所有面向

簡言之，UX 就是產品的「易用性」、「滿意度」，近似業務人員熟悉的「顧客滿意度」（Customer Satisfaction, CS）。

UX 在物聯網中的重要性

物聯網比一般的資訊系統更加重視 UX，其系統深深融入日常生活當中，即便是與 IT 無緣的一般人，也會在不知不覺中接觸到。正因如此，物聯網的 UX 才會對人們的日常生活帶來諸多影響，對人類的情感面更是影響甚鉅。

■ UX 的概念圖

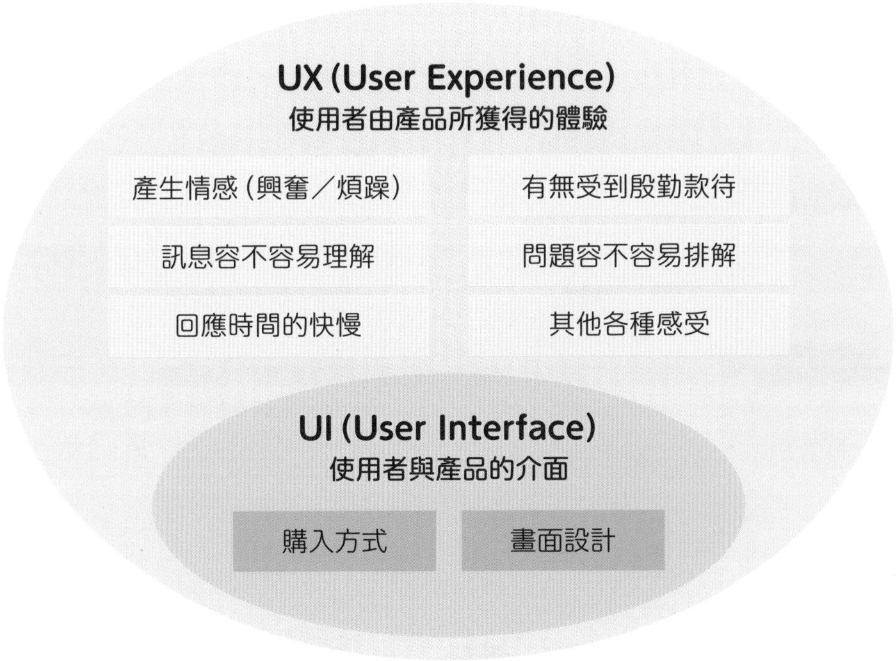

UX (User Experience)
使用者由產品所獲得的體驗

產生情感（興奮／煩躁）	有無受到殷勤款待
訊息容不容易理解	問題容不容易排解
回應時間的快慢	其他各種感受

UI (User Interface)
使用者與產品的介面

購入方式	畫面設計

UX 容易與「UI」（User Interface）混淆，但兩者有微妙的差異。如上圖所示，UX 是涵蓋 UI 的廣義概念，需要注意包含了人類的「情感」。

・「智慧鎖」的 UX

物聯網 UX 的具體例子，可舉「智慧鎖」（smart lock）的使用者體驗。智慧鎖是採用物聯網技術的門鎖，裝設於居家大門後，可用智慧手機來鎖定、解鎖。只要智慧鎖正常運作，即便兩手提滿東西也能夠開鎖進門，使用者可明顯感受到其優點。然而，若智慧鎖因故運作異常，而被鎖在家門外露宿一晚的話，一下子就顯露其缺點，當然就增加使用者感到的不安（負面情感）。如上所述，物聯網的 UX 同時具有光明和黑暗的一面。

○ 提升 UX 的訣竅

就結論而言，提升 UX 沒有絕對的正解，試圖提升 UX 時可參考「**使用情境**」（use case）。使用情境是指「用戶的應用場景」，用戶想用產品、服務解決的問題。

■「使用情境」與「功能」

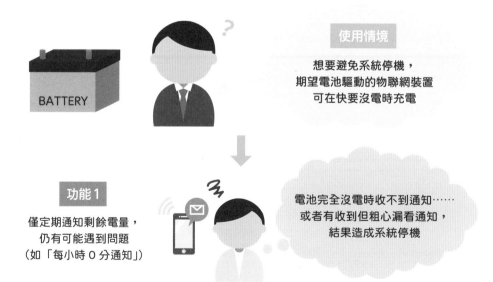

BATTERY

使用情境

想要避免系統停機，
期望電池驅動的物聯網裝置
可在快要沒電時充電

功能 1

僅定期通知剩餘電量，
仍有可能遇到問題
（如「每小時 0 分通知」）

電池完全沒電時收不到通知……
或者有收到但粗心漏看通知，
結果造成系統停機

以前頁的圖解為例，僅有「功能 1 ＝定期通知」不足以實現用戶滿意的使用情境。因此，為了在電量即將用罄時隨時啟動通知，建議還要實裝下述的「功能 2」、「功能 3」。

■ 實現使用情境時應該實裝的功能

功能	內容
功能 2	自動轉為「省電模式（降級運作）」，以延長電池用罄的時間
功能 3	迅速鳴響巨大聲響的「緊急警報」

無法根據各種場景實現使用情境，屬於失敗的物聯網 UX。想要提升物聯網的 UX，得確實考慮使用情境來開發設計物聯網系統。

總結

▷ UX（User Experience）是指產品、服務的易用性與滿意度。

▷ 由於物聯網「與我們息息相關」，使用者體驗顯得格外重要。

▷ 設計時考慮「使用情境」有助於提升使用者體驗。

05 物聯網裝置與感測器的類型
～產品化與大量生產～

物聯網系統包括「試驗」和「量產」兩個開發階段，多數物聯網裝置設想用於嚴峻環境，需要在試驗階段審慎驗證，以免量產後出現致命的問題。

⊙ 物聯網裝置的重點

在開始討論兩個開發階段之前，先來理解物聯網裝置的重點。

物聯網裝置的運作環境基本上是在戶外，如建置物聯網系統監視人類進出會有危險的場所。

一般來說，戶外環境通常比室內環境嚴峻，針對戶外環境設計的物聯網裝置，可直接用於室內環境。

■ 物聯網裝置的特有痛點

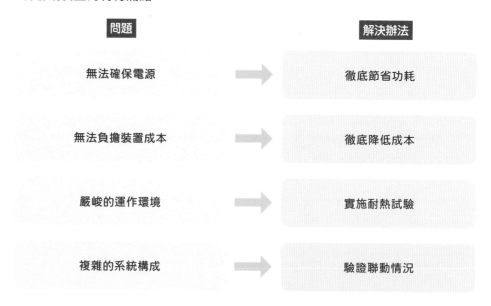

問題		解決辦法
無法確保電源	➡	徹底節省功耗
無法負擔裝置成本	➡	徹底降低成本
嚴峻的運作環境	➡	實施耐熱試驗
複雜的系統構成	➡	驗證聯動情況

● 用於物聯網的感測器

「感測器」（sensor）堪稱物聯網的必需品，是相當於人類五感的裝置。實際上，感測器可捕捉超越人類五感範圍的資訊，描述成「五感＋α」或許會更為貼切。

■ 用於物聯網的感測器

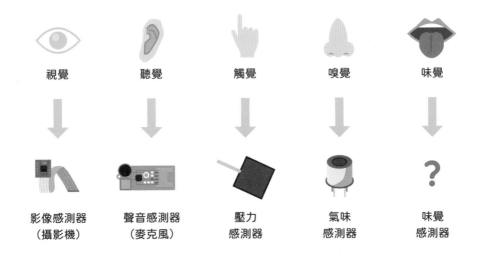

在現今的科學技術水準下，人類已經實現可用於一般用途的「視覺」、「聽覺」、「觸覺」感測器。「嗅覺」感測器仍難以正確區分氣味，而「味覺」感測器尚處於研究階段。

除此之外，還有超越人類五感的範圍，偵測溫度、濕度、氣壓、超音波等感測器。

○ 從試驗品轉為量產品

確認物聯網裝置的重點後,接著討論開發的流程。

在一般的開發流程中,審慎檢驗「試驗品」後,會進入「量產品」的大量生產。為了在試驗品階段避免花費過多的成本、勞力,通常會利用現成便宜的電子基板「單板電腦」、「FPGA 板」、「麵包板(模擬板)」。

■ 從試驗品轉為量產品時使用的基板種類

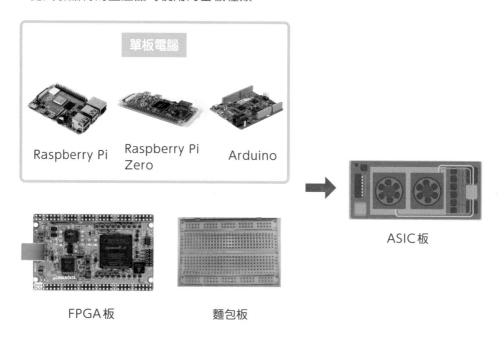

單板電腦

Raspberry Pi   Raspberry Pi Zero   Arduino

FPGA板   麵包板   ASIC板

・ 單板電腦

「單板電腦」(single board computer) 是指一塊基板就可獨立運作的電腦。

具代表性的例子有「Raspberry Pi」、「Arduino」,前者搭載了作業系統,已經可算是實質的電腦;後者未搭載作業系統,但具有運作輕快、容易開發的優點。

・FPGA 板

「FPGA 板」搭載了可動態改寫邏輯的電路（FPGA），能夠任意覆寫更新電路實現各種硬體處理。

尤其，加密處理、圖像處理等高負載處理，使用硬體處理的效能比軟體更好，所以 FPGA 板常用於這方面的處理。然而，為了實現可改寫邏輯的特性，基板會預留額外的電路，成本較下述的「ASIC 板」來得高。

・麵包板

「麵包板」（breadboard）是手工組裝的電工基板，上頭可部署 IC 晶片、電阻、電容等。

當然，自行組裝零件、配線時，需要最低限度的電子學知識。

・ASIC 板

「ASIC 板」是製造量產品時主要使用的基板，搭載了不可改寫邏輯的電路（ASIC）。邏輯固定且沒有多餘的電路，適用於相同基板的大量生產。

考量到規模經濟性（規模優勢），量產品大多採用 ASIC 板來降低基板的成本。

✏️ 總結

▫ 物聯網裝置的運作環境基本上在「戶外」。

▫ 「感測器」的偵測範圍是「人類五感＋α」。

▫ 試驗品適用「單板電腦」、「FPGA 板」、「麵包板」；量產品適用「ASIC 板」。

06 物聯網路的類型
～功耗量與故障容許度～

物聯網系統需要與雲端伺服器連線，得考慮選擇什麼樣的物聯網路。物聯網路的相關技術處於過渡時期，需要根據情況選擇適當的技術。

○ 物聯網路的重點

相較於一般資訊系統使用的網路，物聯網路大多暴露於嚴酷的環境。物聯網裝置通常在戶外運作，必須克服比室內穩定環境更嚴峻的戶外通訊。物聯網路的重點有四個：

■ 物聯網路的重點

無線通訊

WAN／LAN／PAN
故障容許度
網路布局

• **無線通訊**

在戶外運作的物聯網裝置，因無法使用有線通訊而採用「**無線通訊**」。無線通訊經常發生線路壅塞、雜訊等問題，且「戶外」包括了各種的實際環境，需要採用各個運作環境的最佳無線通訊方式。

• WAN／LAN／PAN

物聯網路的通訊技術可根據通訊距離，如下粗略分為「WAN／LAN／PAN」：

■ WAN ／ LAN ／ PAN 的分類

名稱	內容
WAN (Wide Area Network)	世界規模的通訊網路 （亦即「網際網路」）
LAN (Local Area Network)	建築物 （辦公室、居家等）內部的網路（通訊距離數百公尺）
PAN (Personal Area Network)	無線連接鄰近（可視範圍內）機器的網路 （通訊距離數十公尺）

・ 故障容許度

在戶外嚴酷環境運作的物聯網裝置，無線通訊容易不穩定，如線路壅塞、剩餘電量不足等原因，可能造成無線通訊不正常運作。為了因應這類無線通訊的故障，需要提高裝置的「**故障容許度**」（fault tolerance）。

無線的「線路壅塞」是網路上資料通訊塞車的情況，好比周圍的聲響嘈雜阻礙正常對話。

具體的改善方法，包括延長通訊線路、嘗試重送控制等方法。

・ 網路布局

「**網路布局**」（network topology）是指「網路連接的架構」，如「P2P」（Peer to Peer）、「**星狀**」（Star）「**樹狀**」（Tree）、「**網狀**」（Mesh）。

在「星狀」、「樹狀」的網路架構，節點的「集線器」（hub）發生故障便無法通訊。就這點而言，在「網狀」的網路架構，即便一條線路無法通訊，也可尋找其他迂迴線路繼續通訊。

為了提高故障容錯度，物聯網路通常採用網狀網路布局，即便某一個裝置發生故障，也不會影響整個網路的通訊功能。

■ 網路布局的種類

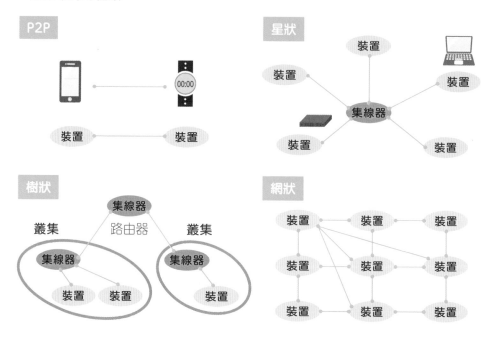

○ 物聯網專用的「LPWA」網路

物聯網路的相關技術蒸蒸日上，相繼推出各種新技術。然而，物聯網路的最終目的，可歸納如下：

· 考量到在戶外運作的物聯網裝置採用電池驅動，得盡可能縮減無線通訊的功耗。

· 考量到需要與網路上的雲端伺服器聯動，得想辦法在缺少路由器、光纖線路等通訊設備的戶外，讓物聯網裝置連線網際網路。

· 考量到需要運作龐大數量的物聯網裝置，得想辦法將通訊費用縮減至最低。

下一頁將介紹的「**低功耗廣域網路**」（LPWA：Low Power Wide Area），就是滿足上述各項的網路。

■ 物聯網專用的「LPWA」網路

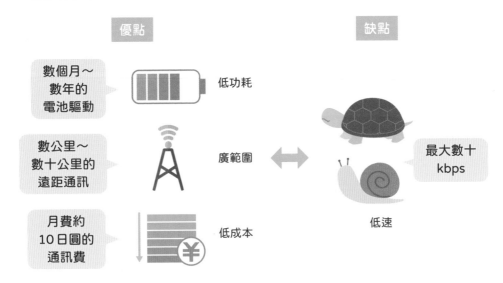

「LPWA」是物聯網路技術的領域之一，具體的例子有「LoRaWAN」、「Sigfox」、「NB-IoT」等，其共通點是「犧牲通訊速度，換取低功耗＋遠距通訊＋低成本」。物聯網系統中感測器所量測的數據容量不大，也就未必需要高速通訊的功能。然而，許多使用情境是在人類難以抵達的偏僻地，以電池驅動物聯網裝置，所以需要低功耗、遠距通訊的功能。同樣地，許多使用情境必須部署眾多的物聯網裝置，蒐集數量龐大的數據，故也重視低成本的優點。

總結

▫ 物聯網網路多在嚴酷的戶外環境運作，需要留意著重「故障容許度」、「功耗量」。

▫ 滿足物聯網路要求的無線通訊技術，統稱為「LPWA」。

07 應用程式開發
～雲端原生與 API 優先～

物聯網應用程式是以利用雲端服務為前提，需要熟練雲端服務對外公開的 API（應用程式介面），才能夠靈活運用雲端服務。

○ 物聯網應用程式的重點

與單獨運作的一般應用程式不同，物聯網應用程式需要結合許多的機器裝置，連結物聯網裝置、雲端服務、用戶裝置（電腦、平板、智慧手機）來運作。因此，物聯網應用程式有幾個特有的開發重點。

■ 物聯網應用程式的特有重點

雲端原生	API 優先	響應式設計

・雲端原生

物聯網應用程式基於「雲端原生」（cloud native）來設計開發。所謂的雲端原生，是指物聯網應用程式全面利用雲端服務（雲端運算）。物聯網應用程式的開發得根據「微服務」的設計手法，才能夠實現雲端原生。

微服務非以大型單體應用程式單獨運作，而是聯動許多的小型應用程式。一般來說，物聯網應用程式多是以智慧手機等用戶裝置，與雲端伺服器來分擔處理資料。

· **API 優先**

「**API 優先**」（API first）是雲端原生的前提條件，意指全面利用「其他公司公開的 API（Application Programming Interface）」，或者「設計成經由 API 進行自家產品的內部處理」。

· **響應式設計**

使用者操作物聯網應用程式的裝置不盡相同，如電腦、平板、智慧手機等，所以開發上也得採取「**響應式設計**」（responsive design）。所謂的響應式設計，是指設計物聯網應用程式的 GUI（Graphical User Interface）時，顧及不同螢幕尺寸的觀看體驗等。

○ 雲端原生的概要

雲端原生是全面利用雲端服務（雲端運算）來建構系統，其構成要素包括「容器技術」、「動態調度管理」、「微服務」。

■ 雲端原生的概要

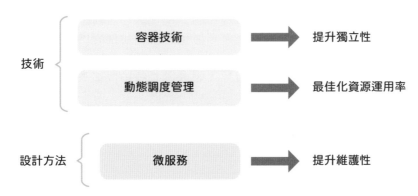

- **容器技術**

「**容器技術**」（container）是指，將整套應用程式的構成要素（函式庫等）封裝成容器。容器技術是虛擬化技術的一種，使用「docker」之類的開源軟體來操作。

順便一提，「虛擬機器」（virtual machine）也是有名的虛擬化技術，但虛擬機器是虛擬運行完整的作業系統，而容器技術不搭載完整的作業系統，僅虛擬運行函式庫等應用程式所需的元素。簡言之，容器技術就好比虛擬主機的簡化版本，藉由封裝「容器」提升獨立性，具有容易隔離運作等優點。活用容器技術的優點，可望將容器應用於其他各種用途。

- **動態調度管理**

統一管理眾多容器的方式，稱為「**動態調度管理**」（dynamic orchestration）。「Kubernetes」（k8s）是調度管理上常見的開源軟體，除了統一管理容器外，也具有自動運作管理的功能，可最佳化資源運用率。大規模物聯網系統處理的容器數量龐大，運作管理起來非常困難。此時，我們可透過動態調度管理，進行以下的因應措施：

① 為因應大規模的系統，將容器分散部署至多台伺服器。

② 為預防整個系統的負載急遽暴增，設定成自動新增容器分散流量。

③ 為避免系統負載降低時徒然浪費主機資源，僅啟動必要最低限度的容器（雲端服務的費用隨主機資源的用量而增加）。

④ 迅速找出發生異常的容器，並且自動重新建立容器。

- **微服務**

「微服務」（micro service）是實現雲端原生的設計模式。

藉由將應用程式分割成微服務，提升整體應用程式的維護性。前面舉出的容器技術、動態調度管理，皆屬於實現微服務的技術。

◯ API 優先的概要

「API 優先」是指，全面利用 API 來建置系統。API 基於設計原則「REST」（REpresentational State Transfer）開發設計，各項原則的細節如下：

■ REST 的細節

原則	說明
可定址性 （Addressability）	可用唯一的 URI 表示所有資訊
無狀態性 （Statelessness）	所有的 HTTP 請求獨立、不進行 Session 等的狀態管理
連通性 （Connectedness）	資訊包括導向其他資訊、裝態的連結，設定成可「訪問其他的資訊」
介面一致性 （Interface uniformity）	利用 HTTP 請求方法（GET、POST、PUT、DELETE）操作資訊

以下一頁的圖為例，「使用者清單」的資料可用 URI（Uniform Resource Identifier）「example.com/api/v1/view/users_list」來表示。URI 是唯一指定網路資源的「識別碼」（identifier）。

■ 基於「REST」的 API 優先

設計原則「REST」
① 可定址性　② 無狀態性
③ 連通性　　④ 介面一致性

URI
example.com/api/v1/view/users_list

HTTP 請求方法
(GET、POST、PUT、DELETE)

REST
API

「使用者清單」
的數據

伺服器

HTTP 狀態碼
(200 OK、404 Not Found 等)

用戶端

JSON 格式的數據

想要閱覽此 URI 的資料時，從應用程式端向伺服器端發送「GET」的 HTTP 請求，對於來自應用程式端的請求，伺服器端會回覆「使用者清單」的資料。此時，伺服器端的回覆多為「JSON」格式。用戶與伺服器間的資料傳輸，是經由對外公開的「RESTful API」（又稱「REST API」）來完成。「API 優先」就是像這樣以「API」完成資料傳輸的機制。

· 「URI」與「URL」的差異

「URI」（Uniform Resource Identifier）和「URL」（Uniform Resource Locator）是相似的用語，URL 用來描述網際網路上資源的位置（location），亦即網頁的網址；而「URI」是 URL 的上位概念，包括了 URL 和「URN」（Uniform Resource Name），亦即「URI ＝ URL ＋ URN」。

由於「URI」涵蓋「URL」，將「URL」稱為「URI」也沒有大礙。就這層意義而言，「URI」和「URL」可說是幾乎同義，但想要表示資源的「位置」時，通常稱為「URL」；想要表示資源的「識別碼」時，通常稱為「URI」。

■ URI 與 URL 的差異

用語	內容
URI	包括 URL 和 URN 的概念。
URL	表示網際網路上資源的「位置」和訪問方式的識別碼。例如，技術評論社的網站 URL 是「https://gihyo.jp/」。
URN	與「位置」無關，表示網際網路上資源「名稱」的識別碼。例如，以 URN 表示書籍的時候，會用全球唯一識別的「ISBN（International Standard Book Number）碼」標記成「urn:isbn:（ISBN 碼的值）」。

一般來說，對於「example.com/api/v1/view/users_list」的表記，API 的「開發者」會稱為「URI」，而 API 的「利用者」會稱為「URL」。在這樣的背景下，若 API 的「利用者」不曉得資源的「位置」，也就沒有辦法呼叫出 API。

總結

▫ 物聯網應用程式的特有重點，包括「雲端原生」、「API 優先」等。

▫ 「雲端原生」的構成要素有「容器技術」、「動態調度管理」、「微服務」。

▫ 「API 優先」是基於「REST」原則設計 API。

08 系統的維運管理
～利用全面託管服務的系統～

物聯網系統因複雜的構成要素、嚴酷的運作環境，通常較一般資訊系統更難維運管理，因而催生業者代勞這類繁雜的維運管理作業。

● 物聯網系統的維運管理重點

物聯網系統內含多樣的構成要素，需要在戶外的嚴酷環境持續運作，使得維運管理比一般資訊系統更為困難。尤其，需要留意以下重點：

■ 物聯網系統特有的維運管理重點

物聯網裝置數量眾多且部署廣泛	⟹	統一管理
無人運作	⟹	遠距維護營運
嚴酷的環境	⟹	確保牢固性
複雜的系統構成	⟹	確保整個系統的可靠性
錯綜交雜的協作處理	⟹	拆解原因
缺乏專業通才	⟹	確保工程師

- **物聯網裝置數量眾多且部署廣泛**

物聯網系統通常是「**物聯網裝置數量眾多且部署廣泛**」，需要使用 GPS 掌握位置等資訊，盡可能統一管理裝置，避免發生不知下落、無人管轄的情況。

- **無人運作**

物聯網裝置多以「**無人運作**」為前提，部署於附近杳無人煙的場所，需要透過雲端套用「修補程式」（patch）排除錯誤等，建構可遠距維運管理的機制。

- **嚴酷的環境**

物聯網裝置主戰場的戶外與穩定的室內環境不同，是暴露於風吹日曬雨淋、承受劇烈搖晃衝擊的嚴酷環境，裝置需要進行墜落試驗、耐熱試驗（在嚴酷環境下的運作試驗），竭盡所能「確保牢固性」。

- **複雜的系統構成**

物聯網系統除了電腦本體外，還有感測器、無線設備、電源、雲端裝置等構成要素，形成**複雜的系統構成**。當其中一項構成要素故障，就會造成系統停機，需要致力於確保整個系統的可靠性，如發生錯誤時自動修復等配套措施。

- **錯綜交雜的協作處理**

物聯網系統的構成要素間，進行如多米諾骨牌般「**錯綜交雜的協作處理**」，難以完全掌握處理的所有過程。為了發生故障時可**拆解原因**，需要規劃解析錯誤日誌等的除錯步驟。

· **缺乏專業通才**

物聯網系統的維運管理需要廣範圍的專業知識，隨著物聯網商務蓬勃發展，逐漸遇到「**缺乏專業通才**」的瓶頸，少有工程師具備所有的相關知識。在「確保工程師」的時候，可採取「內部培育人才」或者「外包其他公司」的手段，培育、延攬物聯網系統的維運人員。

◯ 全面託管服務的概要

由於物聯網系統的維運管理困難，催生了代勞維運管理相關作業的業者，這類業者稱為「MSP」（Managed Service Provider）。根據代勞的作業範圍，一般又可分成「一般託管」或者「全面託管」。

■ 全面託管服務的概要

代勞作業系統、硬體、網路、線路等的平台架設，或者作業系統的安裝、硬體的初始設定、網路的連接設定等的基本設定作業，屬於「一般託管」的服務範圍。除了一般託管的範圍外，還代勞監視錯誤日誌、監視資料庫容量、修復數據遺失、24 小時全年支援等系統的維運管理，屬於「全面託管」的服務範圍。

● 全面託管服務的具體例子

堪稱雲端服務三大巨頭的「Amazon AWS」、「Microsoft Azure」、「Google Cloud」，如下分別提供全面託管服務：

· AWS Managed Services

AWS Managed Services 是由 Amazon 認證的「AWS Partner Network（APN）合作夥伴網」提供 AWS 維運管理的支援，AWS 官網列舉了 Accenture、Deloitte 等 APN 合作夥伴網。

· Microsoft Azure 的「Azure Expert MSP」

Microsoft Azure 的「Azure Expert MSP」是由 Microsoft 認證的 MSP 提供 Microsoft Azure 維運管理的支援，如軟銀科技股份有限公司（SoftBank Technology Inc.）「Microsoft Azure 託管服務」，提供「24 小時全年監視 Microsoft Azure 運作的服務」。

· Google Cloud 的「MSP Initiative」

Google Cloud 的「MSP Initiative」是由 Google 認證的 MSP 提供 Google Cloud 維運管理的支援，如雲一股份有限公司（Cloud Ace Inc.）提供「BRONZE、SILVER、GOLD 支援方案」。

總結

▣ 物聯網系統的維運管理比一般資訊系統更為困難。

▣ 代勞物聯網系統維運管理的業者，稱為「MSP」（Managed Service Provider）。

▣ 「全面託管服務」是代勞維運管理的服務。

09 物聯網資安指引
～物聯網推廣聯盟的五大指引～

「資安防護」是物聯網中最為重要的課題，唯有克服資安上的漏洞，才得以實踐物聯網社會。即便無法做到滿分 100 分，也應該要制定「及格最低分」的資安對策。

◉ 物聯網系統的資安重點

物聯網系統有許多恐遭「惡意第三者」入侵的漏洞，尤其需要留意「**構成要素間的連結部分（介面）**」。物聯網系統的運作需要對外敞開入口，難以防範網路攻擊。

■ 物聯網系統特有的資安重點

 無線通訊 通訊 通訊

物聯網裝置
裸露狀態的裝置部署戶外……

通訊保持明文狀態，外部看得一清二楚……

物聯網閘道器

雲端伺服器
資料保持明文狀態，外部看得一清二楚……

應用程式
使用者的 IT 素養低落……

裝置遭到逆向工程解析

通訊易遭攔截

資料易遭竄改

因人為錯誤產生漏洞

作業系統、軟體無法套用修補程式……

無法排除資安漏洞

利用 API 時，沒有適當的認證……

作業系統遭到非法登入……

伺服器易遭到駭客入侵

被當作網路攻擊的跳板

以物聯網裝置和物聯網閘道器間的無線通訊為例，不加密保持明文狀態傳輸資料可能會遭攔截。

或者，利用遠距操作雲端伺服器的 API 時，若未進行該有的認證處理，雲端伺服器恐遭到駭客入侵。物聯網系統是串聯眾多裝置的構成要素，無法避免對外敞開無線通訊、API 等「入口」，需要留意無防備的入口最容易遭受攻擊。

○ 物聯網推廣聯盟的概要

物聯網是一門錯綜交雜的領域，相關業者需要協作處理設備、通訊、感測器、雲端伺服器等構成要素。

於是，被譽為「日本網路之父」的村井純先生創立「**物聯網推廣聯盟**」（IoT Acceleration Consortium）業界團體，法人會員總數目前來到 3,823 個團體（2020 年 10 月 20 日）。

「物聯網推廣聯盟」的目的和主要活動如下：

■「物聯網推廣聯盟」的目的與主要活動

項目	內容
目　　的	建立促進產官學協助合作，推廣有關物聯網的技術開發與認證、構想新商務模型的體制。
主要活動	推廣有關物聯網的技術開發與認證、標準化等。 構想有關物聯網的各種企劃，以及倡議企劃執行時所需的規制改革等。

由下頁的「物聯網推廣聯盟」架構圖，可具體瞭解其活動內容。

值得注意的地方是，組織架構裡頭有「物聯網資安」工作小組（working group）。「物聯網推廣聯盟」也相當重視「易攻難守物聯網」的「資安防護」。

■ 物聯網聯盟的架構圖

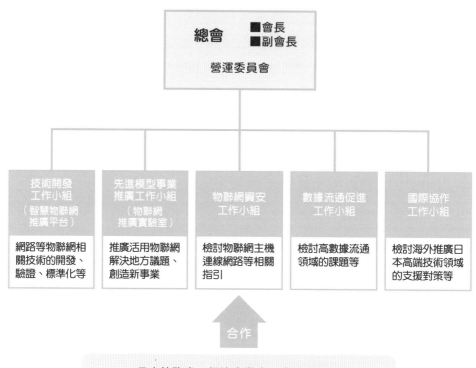

物聯網資安指引的概要

在物聯網推廣聯盟底下，物聯網資安工作小組提出具體的「**物聯網資安指引**」，當中確立了物聯網裝置、系統、服務提供時的方針，建議產品的生命週期應遵循「訂定方針→分析→設計→建置與連網→營運與維護」來推進。

「物聯網資安指引」僅只是一種「指引（指南）」，並非 ISO（國際標準化組織）、JIS（日本工業規格）等具有強制力的「標準（規格）」。然而，顧及伴隨物聯網普及愈發明顯的資安風險，不可能全然無視物聯網資安指引。

■ 物聯網資安指引

階段	指引	要點
訂定方針	根據物聯網的性質訂定基本方針	・經營者致力於物聯網資安 ・防範內部非法、錯誤操作
分析	瞭解物聯網的風險	・確立應該保護的事項 ・設想連網後的風險 ・瞭解相關人員在物聯網系統、服務中的角色 ・掌握帶有漏洞的裝置，適時提醒注意安全
設計	提出保護資訊的設計	・提出不造成連接對象困擾的設計 ・確保與不特定對象連接時的安全性 ・評估驗證設計是否保證安全
建置與連網	提出網路連接的對策	・根據功能與用途連接適當的網路 ・留意初始設定 ・導入認證功能
營運與維護	在保證安全的狀態下傳送、共用資訊	・發售、上市後也保持安全的狀態 ・發售、上市後也掌握物聯網風險，要求相關人員遵守規範

✏️ **總結**

▫ 「構成要素間的連結部分（介面）」是物聯網的資安弱點。

▫ 存在眾多物聯網相關企業組成的「物聯網推廣聯盟」。

▫ 注意遵守「物聯網資安指引」。

10 應該留意的法令規範
～電波法與無線模組的相關認證～

在發展物聯網系統時，容易疏忽遺漏「法令遵守」（Compliance），許多案例都未注意物聯網特有的法令規範。縱使本身沒有惡意違法，法律「不會因為聲稱不知道規定而不處罰」。

○ 物聯網系統的法令規範重點

相較於一般的資訊系統，物聯網系統具有下述不同的特徵：

- 以無線（電波）通訊傳輸
- 軟體內建於硬體裡
- 戶外裝置暴露於不特定多數人面前
- 必須與其他系統（雲端伺服器）聯動
- 多個構成要素交互結合，涉及眾多的利害關係人

換言之，除了一般資訊系統的相關法律外，還得留意上述特徵所衍生的法令規範。

■ 物聯網系統特有的法令規範

通訊設備的認證	SLA
隱私權保護	PSE 標誌
司法管轄	產品責任法
系統故障時的責任歸屬	召回更換

· 通訊設備的認證

架設物聯網系統時，最先需要留意的是「**通訊設備的認證**」。物聯網系統使用的裝置必須遵循「電波法」。

通訊設備需要取得「技術基準符合證明」的認證，而以藍牙作為通訊手段時，則也需要取得「藍牙認證」。

· 隱私權保護

裝置暴露於不特定多數人面前，反過來說，裝置窺視著不特定多數人的「隱私」。

物聯網系統是處理來自不特定多數人的大數據，從中獲得的資訊極具魅力，但同時也得留意個人的「**隱私權保護**」。

尤其，使用前必須理解，牽涉個人的資訊可能會觸犯「個人資訊保護法」。

· 司法管轄

在連結物聯網裝置和雲端伺服器時，「**司法管轄**」（jurisdiction）是容易疏忽的地方。

將數據存於雲端伺服器的時候，得留意實體主機所在國家的司法環境。假設伺服器建置於非日本國內的海外，則不適用日本國內的法令，而適用該國的法律規範。根據雲端伺服器的所在國家，可能產生輸出管理問題的風險。

· 系統故障時的責任歸屬

由於物聯網系統的構成要素（主機、感測器、通訊設備、雲端設備等）複雜地交互結合，利害關係人之間也要重視「**系統故障時的責任歸屬**」。為了因應系統故障，應該根據故障原因明確關係人員的責任歸屬，確定故障修復的責任由誰擔當，整頓發生故障時及早通報的體制。

- SLA

無線網路壅塞、酷熱環境的過載狀態等原因，可能造成物聯網裝置的效能低落。此時，需要與顧客協議最低限度的性能保證，而此協議稱為「SLA」（Service Level Agreement：服務等級協議）。

- PSE 標誌

含有物聯網裝置的電器用品（例：連接插座的家電產品）需要遵循「電器用品安全法」。

通過相關的規格檢查後，就可標註符合「電器用品安全法」的「PSE 標誌」。

- 產品責任法

由於物聯網軟體內建於裝置裡，軟體不良運作屬於裝置的「設計缺陷」，需要留意可能違反「產品責任法」（Product Liability Law）。

- 召回更換

構成物聯網系統的物件（感測器、通訊設備等），後續可能需要「召回更換」（recall）。此時，自家的物聯網系統是否也應召回，需要與顧客協議相關政策。

◯ 電波法的概要

物聯網系統是以無線通訊為前提，無法避免利用「電波」，而日本司法有規範「電波」相關事項的「電波法」。換言之，物聯網系統無法擺脫「電波法」的規範。

電波法的目的是「防止無線通訊的混雜、阻礙，確保有效率地利用電波」。因此，無線設備的架設原則上採取執照許可制。

不過，智慧手機等小型無線設備，完成規定的手續就不需要執照。

■ 電波法的概要

> **不需執照的無線設備**
>
> > **微弱無線設備**
> > 遙控器等
>
> > **低功率特定用途的無線設備**
> >
> > > **特定低功率無線設備**
> > > （315M 頻段、400M 頻段、900M 頻段、1200M 頻段等）
> > > 1GHz 以下無線通訊、Wi-SUN 通訊等
> >
> > > **低功率資料通訊系統的無線設備**
> > > （2.4G 頻段、5.2-5.4GHz 頻段）
> > > 無線 LAN、藍牙、IEEE802.15.4（ZigBee）等

基本上，物聯網系統中的無線 LAN、藍牙等無線通訊，不需要執照就可利用，但前提條件是該通訊設備已經取得「技術基準符合證明」。

◉ 無線模組相關認證的概要

在架設物聯網系統的時候，容易疏忽遺漏「無線模組的相關認證」，堪稱物聯網系統法遵（法令遵循）的弱項。「**技術基準符合證明（技證）**」和「**藍牙認證**」是物聯網系統常有疏漏的地方。

· 技術基準符合證明（技證）

「技術基準符合證明（技證）」標誌是證明無線設備取得下述正規認證的標誌。

- 基於「電器通訊事業法」的「技術基準符合認定」
- 基於「電波法」的「技術基準符合證明」

一般來說，日本國內製造販售的通訊設備皆已取得「技證」。需要注意的地方是，進口海外製造販售的通訊設備，可能尚未取得日本國內的「技證」。疏忽使用沒有技證標誌的通訊設備，即便沒有惡意也可能會違反「電波法」。

・ 藍牙認證

利用藍牙通訊的物聯網系統，需要取得「**藍牙認證**」。取得「藍牙認證」後即可標示「藍牙標章」，認證的取得方式如下所示：

・接受自家公司的藍牙認證試驗。

・自家產品組裝已取認證的藍牙通訊設備。

Ｃolumn　「IoT」像是哭泣的表情？

日文的文字種類（平假名、片假名、漢字）比英文（羅馬字母）來得多，表情符號的種類也比較豐富。對日本人來說，「IoT」的簡稱看起來像是人哭泣的表情。實際上，社群網站隨處可見「(ToT)」、「(;｡;)」等哭泣的表情符號。既然都是哭泣流淚的話，期望「IoT」不是悔恨的眼淚而是歡喜的淚水。

總結

▷ 架設物聯網時容易疏忽法律規範，需要小心留意。

▷ 物聯網系統的通訊設備適用「電波法」的法律規範。

▷ 通訊設備必須取得「技術基準符合證明（技證）」和「藍牙認證」。

第 **2** 章

物聯網裝置與感測器

本章即將談論的「裝置」和「感測器」，相當於「物聯網（IoT：
Internet of Things）」中的「T（Things）」。物聯網之所以能
夠帶動「第四次工業革命」，原因在於「T（Tings）」的範圍不
侷限於電腦主機，廣泛擴及「世間萬物」（任何存於世上的實際
物體）。

11 何謂物聯網裝置？
～連線網路的「物體」～

物聯網（IoT）中的「Things（物體）」屬於「Big word（定義範圍廣泛的籠統字詞）」，可直接解釋為「可連線網路實現有趣新點子的物體」。

○ 「Things（物體）」的定義

「物聯網（Internet of Things）」所稱的「**物體（Things）**」泛指，透過「網路（Internet）」注入新生命的「物體」。由下圖可知，「物體」的定義範圍相當廣泛。

■「Things（物體）」的定義

住宅設備
（居家物聯網）

未連接網路的物體
（任何可想到的物體）

運動器材

家電

可攜式配件
（穿戴裝置）

音響器具
（智慧音箱）

醫療器具
（健康照護）

「傳統」的
物品

汽車
（連網汽車）

就意象而言，近似「數位轉型」（DX）的概念。換言之，物聯網的本質可說是「過往尚未數位轉型的物體，透過資訊科技進行數位化」。

其中，物聯網（Internet of Things）中「物體（Things）」的代表例子，包括「**居家物聯網**」、「**數位家電**」、「**可攜式配件**」（穿戴裝置）、「**智慧音箱**」、「**醫療器具（智慧照護）**」、「**連網汽車**」（connected car）等。

這些關鍵字的共通點是「與人類生活息息相關，卻遲於應用資訊科技的物體」，亦即「應用資訊科技將帶來全新價值的物體」。

■ 物聯網的應用範例

類型	應用資訊科技所帶來的恩惠
居家物聯網	透過物聯網量測空調的耗電量，幫助節省能源。
家電	透過人工智慧（機器學習）最佳化電子鍋的炊飯效果。
可攜式配件（穿戴裝置）	在商務皮鞋中組裝計步器功能，幫助解決運動不足的問題。
智慧音箱	除了欣賞音樂外，也可透過人聲操作家電。
醫療器具（健康照護）	將器具的量測值上傳雲端，協助健康管理。
連網汽車（connected car）	幫助實現汽車的自動駕駛。
傳統物品	當垃圾桶裝滿時，自動通報清潔業者。
運動器材	分析各個選手的動作，協助強化團隊能力。

粗略來說，只要是「**尚未連線網路的東西**」，皆可是物聯網的候補「物體」。

⭕ IoT ＝ I（Internet）＋ T（Things）

單純僅有「物體（Things）」不能夠算是「物聯網（Internet of Things）」，「物體（Things）」結合「**網路（Internet）**」才是完整的「物聯網（Internet of Things）」。

過往的 IT 轉型已經實現「裝置的數位化」，達到在機械設備中組裝電路，安裝軟體進行控制的階段。例如，道路施工的電子看板等，就是其中一個例子。

然而，過去缺乏裝置連接網路的基礎架構（通訊設備、通訊業者等），而未發展到「裝置網路化」的階段。裝置沒有連接網路，也就無法與雲端伺服器、其他裝置聯動，所以採取「單獨運作（standalone）」的模式。當然，在單獨運作的狀態下，各個裝置僅能夠執行可獨自完結的動作，重複事先設定的單調動作，無法因應條件、環境靈活地改變動作內容。

推進到「裝置網路化」後，就可如下與雲端伺服器、其他裝置聯動：

① 由雲端伺服器反饋大數據的統計分析結果，藉此提升裝置的動作準確率。

② 根據其他裝置傳送的資訊，改變裝置執行的動作。

「裝置網路化」後，有可能實現單一裝置無從展現的附加價值。

⭕ 由「物聯網」到「萬物聯網」

繼物聯網之後，接著倡議更進階的概念 ——「**萬物聯網**」（IoE：Internet of Everything）。如同字面上的意思，IoE 可直譯為「一切事物的網際網路」。

■ 由「物聯網」到「萬物聯網」

相較於物聯網的涵蓋範圍限定於「物體（Things）」,「萬物聯網」的範圍除了「物體」外,還包括「**事體**」(「**人**」、「**數據**」、「**程序**」)。

■ 萬物聯網的範圍

事體	內容
人	僅與人相關的資訊,如相當於履歷的個人數據
數據	可用來「智慧」處理「資訊」的數據,如可辨識恐怖份子的臉部數據
程序	整合人、數據、物體的相關管理

隨著資訊科技蓬勃發展,光將實際存在的「物體（Things）」連接網路已經不夠充分,需要更進一步將「物體＋事體」的「世間萬物（Everything）」也連接網路才行。

總結

▷ 「物體（Things）」連接網路後,可實現單一「物體（Things）」無法展現的附加價值。

▷ 「萬物聯網（Internet of Everything）」是指,將「物體（Things）」和「事體」(「人」、「數據」、「程序」) 連接網路的概念。

12 物聯網用的感測器模組
～感測器的種類與可取得的資訊～

感測器急遽朝高性能、小型、低價格、低功耗的方向發展，當負責物聯網裝置「五感」的感測器革新進化，物聯網系統處理的大數據也會有質與量方面的提升。

○ 感測器的種類

「感測器」（sensor）是負責物聯網裝置「五感」的設備，物聯網裝置會依感測器的輸入資訊做適當的處理。下面列舉常見的感測器種類：

■ 感測器的種類

| 溫濕度感測器
（DHT-11） | 影像感測器
（Raspberry Pi
攝影模組V2） | 壓力感測器
（FSR406） | 加速度與陀螺儀感測器
（MPU6050） |

  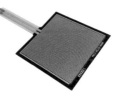 

超音波感測器
（HC-SR-04）　聲音感測器（麥克風）
（SEN02281P）　氣味感測器
（TGS2450）　GPS 感測器
（GYSFDMAXB）

■ 感測器的種類與具體例子

感測器的種類	說明	具體例子
溫度感測器 濕度感測器	量測溫度或者溼度。亦有可偵測溫度和濕度的「溫濕度感測器」。	DHT-11
超音波感測器	向對象物體發射超音波來量測距離。	HC-SR-04
影像感測器（攝影機）	對光線明暗產生反應。 ※ 相當於人的「視覺」	Raspberry Pi 攝影模組 V2
聲音感測器（麥克風）	對聲音產生反應。 ※ 相當於人的「聽覺」	SEN02281P
壓力感測器	對壓力產生反應。 ※ 相當於人的「觸覺」	FSR406
氣味感測器	對氣味產生反應。 ※ 相當於人的「嗅覺」	TGS2450
加速度與陀螺儀感測器	對加速度、傾斜產生反應。	MPU6050
GPS 感測器	接收人造衛星的 GPS 訊號。支援日本的準天頂衛星系統（QZSS）「MICHIBIKI」。	GYSFDMAXB

感測器多種多樣，本書沒有辦法網羅全部的類型。市面上已有許多感測器，可捕捉超越人類「五感」（視覺、聽覺、觸覺、嗅覺、味覺）辨識範圍的資訊。

○ 感測器的通訊介面

物聯網裝置和感測器間的通訊介面，代表例子可舉「SPI」、「I²C」、「UART」。

「SPI」、「I²C」、「UART」皆是採取「串列通訊（serial communication）」的傳輸方式，按照每個位元依序收發數據（「平行通訊」（parallel communication）的傳輸方式是，使用多條訊號線一次（同時）收發複數位元的數據）。

下面來看「SPI」、「I²C」、「UART」的差異：

■ SPI／I²C／UART 的比較①

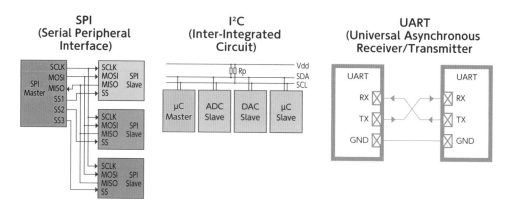

■ SPI／I²C／UART 的比較②

	SPI	I²C	UART
訊號線數量	4 條 （SCLK、MOSI、 MISO、SS）	2 條 （SDA、SCL）	2 條（RX、TX） ※ 全雙工通訊的時候
同步方式	同步式 （SCLK）	同步式 （SCL）	起止同步式（非同步式） （Start bit、Stop bit）
通訊速度的基準	～數 Mbps	～ 1Mbps	~115kbps

實務上，需要配合自己想要使用的感測器所採用的介面，進行韌體（嵌入式軟體）的程式設計。「SPI」、「I²C」、「UART」等標準介面，大多運用一般公開的函式庫，並實裝存取感測器的串列通訊處理。

◎ 感測器的使用情境

物聯網的開發建議採用「由上而下方式」（參見 Sec.03），根據欲以物聯網系統實現的「使用情境」（參見 Sec.04），選擇應該組裝的感測器。

■ 感測器的使用情境

欲偵測有無可疑人士入侵		運動感測器 (利用紅外線)
欲偵測道路有無凍結的風險		溫濕度感測器
欲偵測有無降雨		土壤濕度感測器
欲偵測機械設備有無異常振動		加速度感測器

例如，若「欲偵測道路有無凍結的風險」的話，考慮到「溫度低且濕度高的情況容易發生凍結」，選擇可同時量測溫度和濕度的「溫濕度感測器」。

討論物聯網開發的時候，重點不在於「感測器（技術）」而在於「使用情境（目的）」。

總結

▷ 「感測器」是負責物聯網裝置「五感」的設備。

▷ 感測器介面（串列通訊規格）的代表例子有「SPI」、「I²C」、「UART」。

▷ 根據欲以物聯網系統實現的「使用情境」來選擇感測器。

13 物聯網中的微控制器
～低功耗的積體電路～

微控制器（微電腦）深深融入我們的日常生活當中，隨處可見數量龐大的微控制器，說「現代文明社會是由微控制器所構成」也不為過。

◯ 微控制器的概要

「微控制器」（micro controller）是控制嵌入式設備的 IC（Integrated Circuit：積體電路），各位可能比較常聽聞俗稱的「微電腦」。「微控制器」的外觀多為四邊長有許多針腳的「正方形」或者「長方形」，整體看起來像是「節肢昆蟲」的形狀。

■ 微控制器的概要

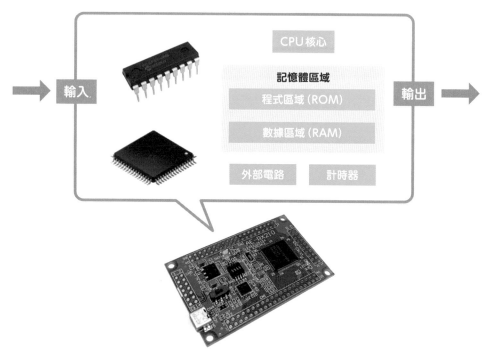

CPU核心

記憶體區域

程式區域（ROM）

數據區域（RAM）

輸入

輸出

外部電路　計時器

「微控制器」的主要構成要素有「CPU 核心」、「記憶體區域」、「外部電路」、「計時器」。

■「微控制器」的主要構成要素

構成要素		內容
CPU 核心（CPU core）		相當於微電腦核心（core）的「中央處理單元」（CPU：Central Processing Unit）。
記憶體區域	程式區域 （ROM）	儲存程式邏輯（處理）的區域。在程式執行中不改變，寫入唯讀專用的 ROM（Read Only Memory）。
	數據區域 （RAM）	儲存可變數據的區域。在程式執行中會改變，寫進可讀寫的 RAM（Random Access Memory）。關機後仍需要保存（長期儲存）的數據，存至非揮發性的 SRAM（Static RAM）。
外部電路		負責微控制器輸出入等外部功能的電路。 • A/D 轉換器（Analog to Digital Converter） • D/A 轉換器（Digital to Analog Converter） • PWM（Pulse Width Modulation） • RTC（Real Time Clock） • GPIO（General Purpose I/O）
計時器 （timer）		根據經過時間、固定週期，定期執行處理的機制。 • 使用者設定的計時器 • 看門狗計時器（WDT：Watch Dog Timer）

「微控制器」是指，單一 IC 晶片搭載相當於一般電腦的 CPU、記憶裝置（主記憶體與儲存裝置）、外部電路等功能，可單獨運作的「微型」（micro）電腦。

◯ 微控制器的具體例子

微控制器的具體例子，可舉「PIC」、「Atmel AVR」、「ARM 架構的微控制器」、「RX Family」等。

■ 微控制器的具體例子

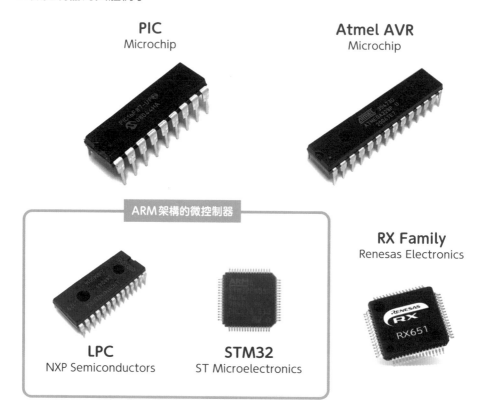

PIC
Microchip

Atmel AVR
Microchip

ARM架構的微控制器

LPC
NXP Semiconductors

STM32
ST Microelectronics

RX Family
Renesas Electronics

■ 微控制器的種類

種類	內容
PIC	「微控制器業界」的權威。在日本也有悠久的歷史與壓倒性的人氣。
Atmel AVR	搭載單板電腦「Arduino」的微控制器。
ARM 架構的微控制器	英國 ARM 公司不製造微控制器的硬體，僅提供微控制器的設計圖，「LPC」、「STM32」皆是根據該設計圖所製作的微控制器。
RX Family	日本製微控制器的代表。

「PIC」堪稱「微控制器業界的帝王」，雖是由美國 Microchip 公司製造，但在日本擁有眾多熱烈的支持者，在嵌入式設備業界擁有傲人的市占率，具有容易取得微控制器、技術資訊的優點。

除了「PIC」外，還有根據 ARM 公司的設計圖所製造的「ARM 架構的微控制器」。ARM 公司是一家「無廠」（fabless：沒有生產工廠）的半導體公司，將微控制器的製造交由其他企業組織。這個採用「ARM 公司的設計圖」（稱為「IP 核心」。IP 意為「Intellectual Property（智慧財產權）」）的微控制器，在智慧手機微控制器擁有超過 90％的市占率。

就日本國產的微控制器而言，以瑞薩電子（Renesas Electronics）製的「RX Family」較為有名。瑞薩電子不愧是日本老字號的公司，「RX Family」深受粉絲的支持。

◉ 降低微控制器的功耗

除了可確保電源的室內外，設計物聯網裝置時，也要設想在難以確保電源的戶外如何運作。戶外的物聯網裝置大多採取電池驅動（包含併用太陽能充電），需要盡可能縮減電力的消耗。想要降低微控制器的功耗，可採取「**降低運作速度**」和「**停用不需要的功能**」等方法。

無法確保電源

有別於室內環境，戶外環境存在「無法確保電源」的制約。由於戶外沒有電源插座（AC/DC 電源），物聯網裝置除了基本的電池驅動外，也有可能是電池併用太陽能充電。為了讓存在電池容量上限的物聯網裝置長期運作，需要「徹底地降低功耗」。除了無輸入時自動睡眠的功能外，也要檢討電池即將用罄時的「失效保障」（Fail Safe：防止電池用罄造成系統突然斷電的設計）。

・ **降低運作速度**

微控制器的「運作速度」和「功耗」為正相關，運作速度愈快則功耗愈多。
相反地，只要降低運作速度，就能夠減少功耗。

■ 降低微控制器的功耗① （降低運作速度）

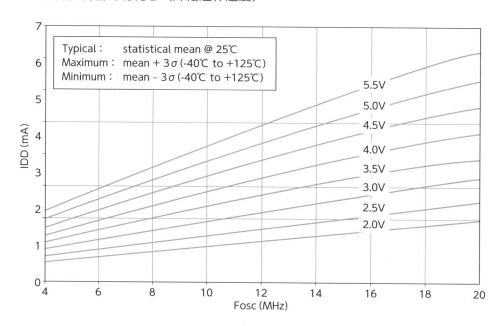

資料來源：「Microchip PIC16F87/88 Data Sheet」

在不影響有效應用的範圍內，盡可能降低「運作速度（CPU 的時脈頻率）」。

・**停用不需要的功能**

微控制器為了確保通用性，本身會搭載各式各樣的功能，但根據用途並不
需要啟用所有功能。或者，在「等待使用者操作」等情況，不需要「常態
100％全功率」運作（可轉為低功耗的「休眠」狀態）。為了降低電力的消
耗，一般微控制器皆有「休眠」狀態驅動的功能。

■ 降低微控制器的功耗② （停用不需要的功能）

「STM32 Family」主要的低功耗模式

	Standby	Stop	Sleep	低功耗Run	Run
CPU	✕	✕	✕	△	○
外部功能	✕	✕	○	△	○
RAM	✕	僅儲存數據	○	△	○

 小 →→→→→→→→→→→  大

功耗

○＝高速運作、△＝低速運作、✕＝停止供給時脈

如同個人電腦，可轉為「Standby」（待機）、「Sleep」（休眠）等低功耗驅動模式，來降低微控制器的功耗。

在不同的微控制器模式下，會對各功能執行「降低運作速度」或者「停止供給時脈（停止運作）」。

總結

▶ 「微控制器」（微電腦）是指，單一 IC 晶片搭載相當於一般電腦的 CPU、記憶裝置（主記憶體與儲存裝置）、外部電路等功能的電腦。

▶ 微控制器的具體例子，可舉「PIC」、「Atmel AVR」、「ARM 架構的微控制器」、「RX Family」。

▶ 想要降低微控制器的功耗時，可採取「降低運作速度」和「停用不需要的功能」。

14 單板電腦
～物聯網開發與原型設計～

「單板電腦」是促進物聯網廣為普及的功臣，隨著技術日新月異，電腦急遽朝向小型、低價格、高性能的方向發展，20 世紀左右已經迎來「電腦無所不在」的時代。

● 單板電腦的概要

「**單板電腦**」（single board computer）是，搭載小型主機板的單獨運作型電腦。顧名思義是由單一基板所構成的電腦。

■ 單板電腦的概要

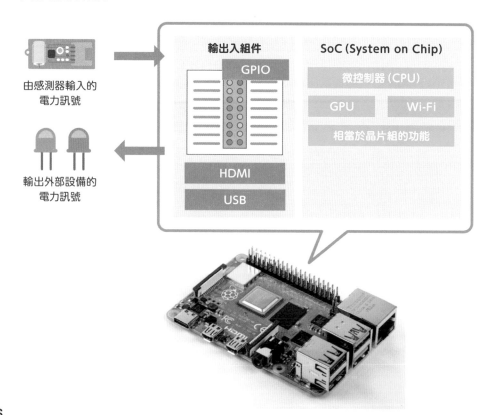

由感測器輸入的電力訊號

輸出外部設備的電力訊號

輸出入組件

GPIO

HDMI

USB

SoC (System on Chip)

微控制器（CPU）

GPU　　Wi-Fi

相當於晶片組的功能

雖然外觀是裸露無機質的基板，但一塊基板就能夠單獨運作。「單板電腦」的基本構成要素有「SoC（單晶片系統：System on Chip）」和「輸出入組件」。

■ 單板電腦的基本構成要素

構成要素	內容
SoC (System on Chip)	負責單板電路所有處理的「單晶片（All in one）積體電路」，又可稱為「系統大型積體電路（System LSI）」。單一積體電路的構成要素如下： • 微控制器（CPU） • GPU • Wi-Fi • 相當於晶片組的功能
輸出入組件	負責單板電腦輸出入功能的物件。通常搭載下述的輸出入組件： • GPIO（General Purpose I/O） • HDM（High-Definition Multimedia Interface） • USB（Universal Serial Bus）

除了 Sec.13 所述的「微控制器」功能外，「SoC」的單一積體電路也搭載了「GPU」（圖像處理）、「Wi-Fi」（無線通訊）、「相當於晶片組的功能」（控制外部電路等）。簡言之，「SoC」就是「將電腦主機板上的整套 IC 晶片群，整合至單一 IC 晶片當中的系統」。

在單板電腦中，值得注意的輸出入組件是「GPIO」（General Purpose I/O），可直譯為「通用型輸出入組件」。

透過「GPIO」接腳和 C 語言、Python 等程式語言，可用軟體控制電力訊號的輸出入，如監視輸入電壓的 High/Low、切換電壓的 High/Low。

由於單板電腦可透過 GPIO 接腳軟體控制電流的輸出入，具有容易與其他機械設備聯動、高物聯網相容性等特點。

◯ 單板電腦的具體例子

適用物聯網系統的「單板電腦」迅速普及，其中最具代表性的當屬起源英國的「Raspberry Pi（樹莓派）」。

■ 單板電腦的具體例子①

Raspberry Pi   Raspberry Pi Zero

■ 單板電腦的具體例子①之細節

產品	特徵
Raspbery Pi	人氣高到堪稱單板電腦的代名詞，由英國樹莓派基金會主導開發，設計初衷是作為兒童 IT 教育用的教具。 ・尺寸：約「信用卡」的大小
Raspberry Pi Zero	處理性能較低的小型廉價版「Raspberry Pi」。 ・尺寸：約「薄荷片」的大小

編注：因供應鏈缺貨問題，電子產品價格波動劇烈，難以提供參考價格，依實際售價為準。

「Raspberry Pi」創新的特點是搭載正式的作業系統，其標準作業系統是名為「Raspberry Pi OS」的「Debian Linux」系列作業系統。換言之，雖然 Raspberry Pi 小巧便宜（約 500 日圓），卻是一台「貨真價實的 Linux

主機」，已經迎來「一枚日圓硬幣就能夠買到電腦」的時代（日本幣值最大的硬幣恰好是 500 日圓）。

除了 Raspberry Pi 外，「單板電腦」還有「Arduino」、「Jetson Nano」、「BeagleBone」、「mbed」。

■ 單板電腦的具體例子②

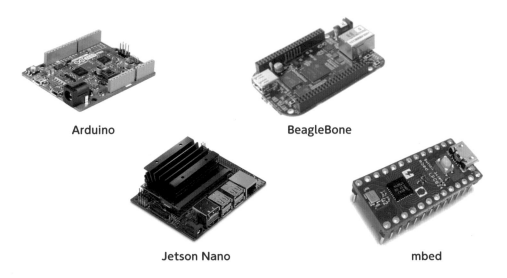

Arduino

BeagleBone

Jetson Nano

mbed

■ 單板電腦的具體例子②之細節

產品	特徵
Arduino	源自義大利的開源硬體，任誰皆可用公開的電路圖（設計圖）製造該硬體。
Jetson Nano	適用人工智慧處理，由 GPU 大廠「NVIDIA」所開發的硬體。
BeagleBone	「德州儀器（Texas Instruments）」所開發的開源硬體。
mbed	具備「線上整合開發環境」，可不受限作業系統直接於瀏覽器上運作。

其中，比較受到關注的「單板電腦」，是市面上熱銷的「Raspberry Pi」、「Arduino」等。

然而實務上，物聯網多是使用搭載純日本製「TRON 作業系統」的裝置，如搭載「TRON 作業系統」的小型模組「IoT-Engine」。

■ 搭載「TRON 作業系統」的裝置例子

資料來源：
http://monoist.atmarkit.co.jp/mn/articles/1512/07/news106.html

IoT-Engine

「TRON」是坂村健先生開發的物聯網專用作業系統。早在物聯網風行之前，坂村健先生就以「普適運算（Ubiquitous Computing）」（電腦無所不在）的研究聞名於世。雖然「TRON」未普及為市售的（一般人可見的）電腦作業系統，但成功發展為產業機器的即時作業系統，帶回小行星 25143 碎片的小行星探測器「隼鳥號（はやぶさ）」就是其中一個例子。

● 原型設計的實踐

「單板電腦」也可直接當作實際產品，不過一般多用於產品設計時的驗證（「原型設計」）。在「原型設計」的階段，除了「單板電腦」外也會併用「FPGA 板」、「麵包板」。在完成「原型設計」確定最終的產品規格後，會製作用於大量生產（量產）的「ASIC 板」。

「ASIC 板」是規格（設計）完全確定的基板，適用大量製造的量產品。若設計有瑕疵，生產出來的量產品恐怕得全數報銷（不良庫存）。因此，必須審慎進行確定「ASIC 板」規格的「原型設計」。

■ 原型設計的實踐

| 檢討（運作評估）用的試驗品 | 大量生產的量產品 |

單板電腦

ASIC 板

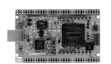

FPGA 板

麵包板

■ 原型設計的實踐細節

產品	特徵
單板電腦	用於反覆嘗試以程式語言實裝的「軟體處理」
FPGA 板	用於反覆嘗試以電路實裝的「硬體處理」（圖像處理、加密處理）
麵包板	手動組裝「單板電腦」、「FPGA 板」無法涵蓋的電路、操作部件（按鈕、開關等）
ASIC 板	單一基板即可獨立展現功能

總結

▣ 「單板電腦」是，搭載小型主機板的單獨運作型電腦。

▣ 「單板電腦」的代表例子有「Raspberry Pi」、「Arduino」。

▣ 在原型設計階段，需要用到「單板電腦」、「FPGA 板」、「麵包板」。

15 原型設計用的裝置
～ Arduino 與 Raspberry Pi ～

Arduino 和 Raspberry Pi 堪稱單板電腦的兩大巨頭，本來只用於原型設計，但有愈來愈多的產品直接搭載此兩基板。

◉ Arduino 的概要

Arduino 的設計理念是「Simple is best」，其微控制器板本體僅搭載必要最低限度的功能。

■ Arduino 的概要

起源於義大利	微控制器使用「Atmel AVR」
開源硬體	程式採用C語言風格的「sketch」
開發環境為「Arduino IDE」	將完成編譯的「sketch」寫進 Arduino
未搭載作業系統	搭載 A/D 轉換器
單工處理運行	擴充基板稱為「shield」

微控制器：ATmega328P
時脈頻率：16MHz
Flash Memory：32KB（啟動載入器使用0.5KB）
SRAM：2KB　EEPROM：1KB

資料來源：https://store.arduino.cc/usa/arduino-uno-rev3

相較於近年的電腦水準，Arduino 的硬體功能可說非常貧弱，沒有驅動作業系統的性能，僅可運行單一程式（單工處理運行）。但取而代之的是，因簡便性而容易程式設計、因抑制效能而達到低功耗，使得 Arduino 適用實現簡易功能的物聯網裝置。

● Raspberry Pi 的概要

Raspberry Pi 的設計理念是「便宜的小型電腦」。Raspberry Pi 搭載了「Raspberry Pi OS」（Linux 系統），基本上可實現等同一般電腦的處理能力。

■ Raspberry Pi 的概要

起源於英國	SoC 採用「ARM 架構」
小型尺寸 （約信用卡大小）	程設語言採用 「Python」
價格便宜 （約新台幣 3000 元左右）	GPIO 接腳 （可控制電流的輸出入大小）
標準作業系統是 「Raspberry Pi OS」（Linux 系統）	標準配備 GPU、HDMI
多工處理運行	標準配備 Wi-Fi、藍牙

微控制器：Broadcom BCM2711、
Quad core Cortex-A72 (ARM v8) 64-bit SoC
時脈頻率：1.5GHz
儲存空間：SD 卡的容量大小
DRAM：2GB、4GB 或者 8GB

資料來源：https://www.raspberrypi.org/products/raspberry-pi-4-model-b/specifications/

「Raspberry Pi 4」的硬體規格是四核心（四個 CPU 核心）的單晶片系統，並搭載充沛的主記憶體（最大可達 8GB），就「單板電腦」而言規格相當豪華，性能跟 Arduino 相比可說是天壤之別，所以「Raspberry Pi 4」可用來進行「邊緣運算」（「邊緣運算」的細節請見 Sec.19 詳述）。

「Raspberry Pi 4」併用「**Intel Neural Compute Stick 2**」（Intel NCS2）後，可進行人工智慧處理（深度學習。細節請見 **Sec.34** 詳述）。「Intel NCS2」是搭載人工智慧處理專用 GPU 的「Raspberry Pi」外部裝置。

■ Intel Neural Compute Stick 2

使用單板電腦「Raspberry Pi 4」實現堪稱「邊緣運算」最終目的的人工智慧處理，是劃時代的技術革新。在電腦執行的處理當中，人工智慧處理屬於極高負載的類別。「Raspberry Pi 4」可執行過去需由「超級電腦（超電）」大量運算的處理。

◎ 區分使用 Arduino 與 Raspberry Pi

Arduino 和 Raspberry Pi 有時會被拿來比較，但硬體性能、有無作業系統等存在很大的差異，實際上需要區分用途使用。

實務上，Arduino 用起來像是「單純的微控制器」，而 Raspberry Pi 用起來像是「複雜的電腦」。

兩者使用上最明顯的差異在於可否「突然斷電」。一般來說，搭載作業系統的電腦不允許突然斷電，可能會發生檔案毀損。Arduino 未搭載作業系統，能夠支援突然斷電，而 Raspberry Pi 有搭載作業系統，不能夠支援突然斷電。實際上，對 Raspberry Pi「突然斷電」後，會造成 SD 卡內的資料毀損。因此，雖然 Raspberry Pi 可進行高性能且複雜的處理，但需要想辦法處理突然斷電等課題。

■ Arduino 與 Raspberry Pi 的區別

Arduino
單純的微控制器

Raspberry Pi
高性能的電腦

Arduino	Raspberry Pi
偏屬硬體	偏屬軟體
自由度低但容易上手	自由度高但不易上手
硬體性能較低	硬體性能較高
功耗低	功耗高
未搭載作業系統	標準搭載「Raspberry Pi OS」（Linux 系統）
開發環境固定為「Arduino IDE」	開發環境自由
單工處理運行	多工處理運行
可突然斷電	不可突然斷電

總結

▸ Arduino 的設計理念是「Simple is best」。

▸ Raspberry Pi 的設計理念是「便宜的小型電腦」。

▸ 硬體性能、有無作業系統等存在很大的差異，需要區分用途使用 Arduino 和 Raspberry Pi。

16　物聯網閘道器
～雲端時代的通訊設備～

伴隨物聯網蓬勃發展，物聯網裝置的數量大幅成長，各裝置連線 WAN 的情況也跟著增加。由於物聯網裝置個別連線 WAN 缺乏效率，所以會活用「物聯網閘道器」當作連線 WAN 時的中介設備。

◯ 物聯網閘道器的概要

「物聯網閘道器」（IoT gateway）是一種中介通訊設備，用於無直接連線網路（雲端）功能的物聯網裝置。

一般來說，「網際網路」又可稱為「WAN」（Wide Area Network），如同其名是「世界規模的廣域網路」。連線 WAN 所用的通訊規格（「ADSL」、「光纖線路」等）跟「LAN」（Local Area Network）這類「以狹窄範圍為對象的區域網路」所用的通訊規格（「Wi-Fi」等）不同，在狹窄範圍「LAN」和廣泛範圍「WAN」之間，需要「物聯網閘道器」扮演居中協調的角色。

■ 物聯網裝置連線 WAN 的課題

項目	內容
成本	隨著連線 WAN 的物聯網裝置數量增加，成本（初期投資額、通訊費等）也會跟著攀升
效率	隨著區域內的物聯網裝置數量增加，各個裝置連線 WAN 的效率變差

以「物聯網閘道器」整合多台物聯網裝置的 WAN 連線，試圖縮減成本、提高通訊效率。

透過「物聯網閘道器」集中處理 WAN 連線，可得到下述效果：

· 不需要準備對應物聯網裝置台數的「WAN 通訊設備」（包括 SIM 卡）。

· WAN 通訊集中至「物聯網閘道器」比較節省通訊費。WAN 連線採取「從量計費」的契約型態，通訊費會隨物聯網裝置數量而增加。

· 多個物聯網裝置整合為單一 WAN 通訊可簡化通訊路徑。

就現實問題而言，考量到物聯網裝置的龐大數量，需要花費極大的工夫才能夠備妥各裝置的「WAN 通訊設備」（包括 SIM 卡）。光是省去這項麻煩的程序，「物聯網閘道器」就可說具有意義。

■ 物聯網閘道器的使用例子

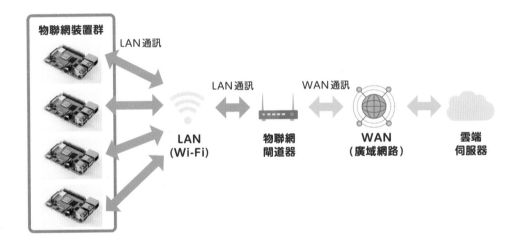

✏️ **總結**

▸ 「物聯網閘道器」是中介通訊設備，用於無 WAN 連線功能的物聯網裝置。

▸ 「物聯網閘道器」可滿足「將 WAN 通訊費用降低至必要最低限度」的需求。

▸ 以「物聯網閘道器」整合多台物聯網裝置的 WAN 連線，試圖縮減成本、提高通訊效率。

17 物聯網裝置的程式設計
～多種多樣的程式語言～

物聯網化可理解為「將硬體轉為軟體」，隨著由「硬體」（電路）轉為由「軟體」（韌體）負責硬體控制，程式設計變得愈加重要。

◎ 程式設計的概要

由各種感測器取得量測結果，將量測值轉為符合的格式後，再上傳至雲端伺服器，需要「**程式設計**」（programming）才可實現這樣一連串的處理流程。一般人傾向認為「軟體開發≒程式設計」，但「程式設計」僅是「軟體開發」的工程之一（實裝工程）。下面來看感測器的處理需要哪些「程式設計」要素。

■ 程式設計的概要

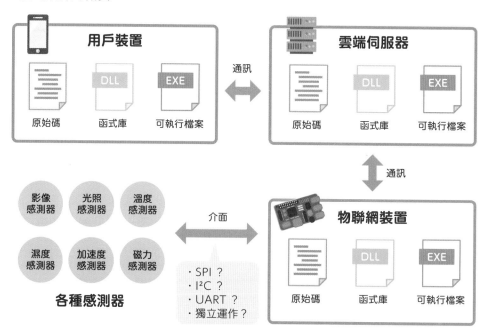

・軟體的構成要素

一般來說，軟體的主要構成要素有「原始碼」、「函式庫」、「可執行檔案」。

■ 軟體的主要構成要素

構成要素	內容
原始碼 (source code)	・以程式語言編寫怎麼處理的文字檔案 ・又稱為「原始檔案」（source file） ・編寫程式碼的動作，稱為「編碼」（coding）
函式庫 (library)	・可由原始碼內部呼叫通用函數的檔案 ・文字檔案或者二進制檔案 ・軟體執行時由軟體呼叫（動態鏈接）的函式庫，稱為「DLL」 （Dynamic Link Library）
可執行檔案 (executable file)	・「原始碼」進行「建構」（build）後所產生的二進制檔案 ・相當於實際執行的程式本體

・原始碼的建構

想要產生「可執行檔案」時，需要對「原始碼」進行「建構」，「建構」的程序包括「編譯（compile）→組譯（assemble）→鏈接（link）」。雖然容易感到混淆，但「建構（build）」有時也被稱為（廣義的）「編譯」。

■「建構」的程序

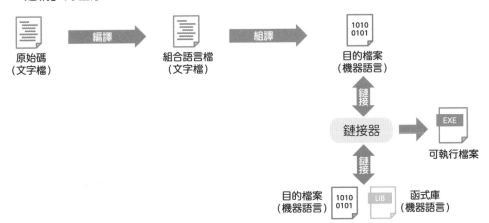

■ 建構程序的細節

處理	動作主體	說明
編譯 （compile）	編譯器 （compiler）	・由「原始碼」產生「組合語言檔」 ・狹義的「編譯」，是建構程序的一個環節
組譯 （assemble）	組譯器 （assembler）	由「組合語言檔」產生「目的檔案」
鏈接 （link）	鏈接器 （linker）	・由「目的檔案」鏈接（鏈結）函式庫、其他目的檔案 　產生「可執行檔案」 ・建構時的鏈接稱為「靜態鏈接」

「編譯」（編譯器）、「組譯」（組譯器）的細節請見 Sec.45 詳述，這邊先瞭解建置的處理流程是「編譯→組譯→鏈接」。

・**函式庫的概要**

函式庫可自行建置，也可套用自己以外「第三者」（或稱「第三方（third party）」）開發的檔案，如下述的函式庫：

・作業系統標準搭載的通用函式庫（作業系統執行內部處理的函式庫）

・網際網路上公開的開源（open source）函式庫

程式設計需要遵守「不要重新發明輪子」（不要重新創造別人已經發明的東西）的原則。對外公開的函式庫，品質已經過不特定多數人的考驗。比起自行從頭建置函式庫，運用（沿用）「經過考驗」的函式庫可減少程式設計的程序。

•「文字檔案」與「二進制檔案」

在電腦處理的檔案，可粗略分為「**文字檔案**」（text file）和「**二進制檔案**」（binary file）兩種類型。

「文字檔案」是人類可理解的「自然語言」格式檔案（由日文、英文等的文句所構成），而「二進制檔案」是電腦可理解的「機器語言」（machine language）格式（羅列 0 和 1 的數值〔binary〕）檔案。

講得極端一點，二進制檔案是指文字檔案以外的檔案。電腦（電子計算機）可直接解釋（處理）的，僅有「機器語言」格式的檔案。因此，文字檔案會用支援「機器語言」（數值）的「字元碼」（character code）來記述「自然語言」（文字），如字元碼「ASCII」中的文字「U」對應數值 85（十六進制為 0x55）。

基本上，需要人類直接編輯（閱覽）內容的檔案採用文字檔案，其餘的皆為二進制檔案。

在程式設計的時候，需要開發人員編寫內容的「原始碼」採用文字檔案，建構該「原始碼」所產生的「可執行檔案」是二進制檔案。

⬤ 程式語言的具體例子

如同各國不同的語言，「**程式語言**」（programming language）也有多種類型。「程式語言」可根據人類的需求（使用情境）進一步細分，各自具有優缺點，展現不同的個性。

下面來看與物聯網相關的「程式語言」。

■ 程式語言的具體例子

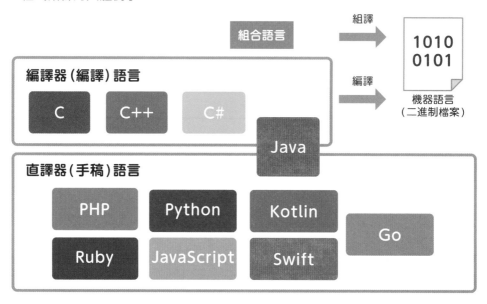

在列舉的程式語言中,僅「**組合語言**」(assembly language)與其他程式語言不同。相較於「組合語言」屬於「低階語言(低級程式語言)」,其他程式語言屬於「高階語言(高級程式語言)」。

■ 低階語言與高階語言

種類	特徵
低階語言 (低級程式語言)	・電腦容易處理的記述 ・二進制的「機器語言」 ・與機器語言記述 —— 對應的「組合語言」,也屬於「低階語言」 ・記述的抽象程度低、容易受限於硬體規格(CPU、記憶體等)
高階語言 (高級程式語言)	・人類容易閱讀(可理解)的記述 ・文字的「自然語言」 ・記述的抽象程度高、不易受限於硬體規格(CPU、記憶體等)

電腦可直接處理的僅有「機器語言」，無法直接處理以「高階語言」編寫的原始碼。因此，這邊需要轉換程序，將「高階語言」的原始碼（文字檔案）轉為「機器語言」的可執行檔案（二進制檔案）。

根據轉換「機器語言」的觀點，程式語言可粗略分為「**編譯器（編譯）語言**」和「**直譯器（手稿）語言**」。

■ 編譯器語言與直譯器語言

種類	特徵
編譯器型 （編譯型）	・需要（廣義的）「**編譯**」（compile）才可執行軟體，但處理速度較快。 ・編譯人類可閱讀的自然語言原始碼，產生電腦可處理的機器語言「可執行檔案」。 ・編譯帶有「組合」的意思。 ・一次編譯全部原始碼。 ・原始碼的記述有問題會造成編譯失敗，亦即「原始碼的全部記述皆沒有問題」才會編譯成功。
直譯器型 （手稿型）	・不需要「編譯」就可執行軟體，但處理速度較慢。 ・將文字形式的原始碼「逐行」解釋（翻譯）成機器語言。 ・「直譯器」（interpreter）帶有「翻譯者」的意思。 ・程式會持續運作直到記述有問題的橫行，亦即「直到程式錯誤關閉為止，不會發現記述有問題」。

整理歸納後可知，編譯器型的特徵是「處理速度快但編譯麻煩」，直譯型的特徵是「容易執行但處理速度慢」。

◉ 區分使用程式語言

程式語言各自擁有優缺點，不存在完美無缺的類型，需要區分用途使用。下面粗略來看程式語言的各種用途。

另外，實際上可能碰到「Ruby 不適用雲端伺服器，而適用物聯網裝置」的情況，下表的內容僅是其中一種例子。由於程式語言的種類繁多，本書無法網羅所有的類型，僅介紹物聯網上具代表性的程式語言。

■ 具代表性的程式語言例子

用途	語言	特徵
適用應用程式（行動裝置）	Kotlin	簡化自 Java 的語言，用於 Android 的應用程式開發。
	Swift	Objective-C 的後繼語言，用於 Apple 公司 iOS 的應用程式開發。
適用應用程式（電腦主機）	C#	用於 Microsoft 公司開發工具「Visual Studio」的語言。與 Microsoft 公司產品（Windows 等）的相容性高。
	Java	IT 業界擁有高市占率的語言，可透過「Java VM」（Virtual Machine：虛擬主機）於各作業平台（Windows、Linux 等）上運作軟體。基本上採用「直譯器語言」，但也可用「JIT（Just-In-Time）編譯」來處理原始碼。
適用雲端（伺服器）	JavaScript	多用於網頁程設的「手稿」語言，雖然名稱含有「Java」，但彼此關聯性不大（本來就是不一樣的語言）。JavaScript 後來衍生出物聯網常用的資料格式「JSON」。
	Ruby	由日本人「松本行弘」先生所開發的語言，簡化自網頁程設的 Perl 語言，以「ISO/IEC 30170」獲得 ISO 認證。
	PHP	程式設計是在靜態的「HTML」記述中編寫動態的「PHP」處理，適合作成想要動態改變顯示內容的網頁。
	Go	Google 公司開發的語言，解決 C++ 語言的各種缺點。
適用物聯網裝置	C 言語	近似「機器語言」而擁有優異的處理速度，但人類難以理解。例如，開發人員容易在「記憶體管理」（指標、防止記憶體漏失等）遇到困難。
	C++	「C 語言」加入「物件導向」特性的語言，堪稱 C 語言的進化版本，同樣具有優異的處理速度。
	Python	「Raspberry Pi」的標準程式語言（Raspberry Pi 的「Pi」意指「Python」）。屬於「直譯器語言」。與「人工智慧（AI）處理」的相容性高，已有公開許多 Python 用的「AI 函式庫」。

雖然種類可能多到令人感到卻步，但基本上都源自於最為基本的「C 語言」。「C 語言」加入「物件導向」特性的「C++」、「Java」具有極大的市占率，而程式負載低於「C 語言」、「C++」、「Java」（縮減記述內容、簡化語法等）的「Python」、「Ruby」也相當受到歡迎。

各種程式語言的差異就好比「方言」的不同，程式語言（自然語言）的原始碼最後都得轉換成「機器語言」格式的二進制檔案。

■ 程式語言的區別

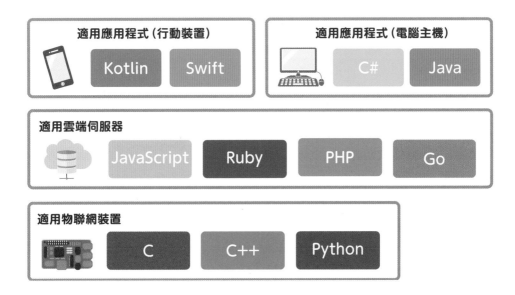

總結

▷ 程式設計需要遵守「 不要重新發明輪子」的原則。

▷ 程式語言可粗略分為「編譯器（編譯）語言」和「直譯器（手稿）語言」。

▷ 程式語言各自擁有個性（優缺點），需要區分用途使用。

18 韌體設計
～物聯網中的「無名功臣」～

「韌體」這個用語廣為人知，但真實樣貌卻撲朔迷離。韌體已經深深融入日常生活，卻是我們鮮少仔細關注的「無名功臣」。

◯ 韌體的概要

「**韌體**」（firmware）是指「安裝（嵌入）於硬體當中的軟體」，也可說是專門控制硬體的軟體。

「韌體」（firmware）帶有介於「硬體」（hardware）和「軟體」（software）之間的性質。由於「韌體」是在硬體的記憶體區域運作，儘管是一種「軟體」卻看起來與「硬體」如出一轍。

■ 韌體的概要

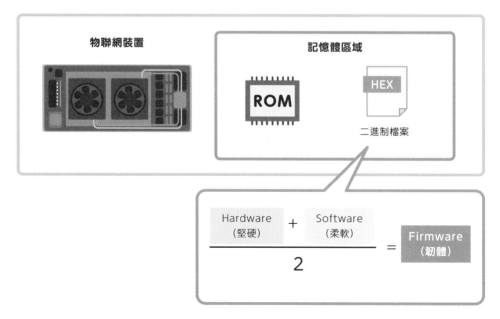

一般來說，韌體會「寫進（程式設計）」硬體的記憶體區域，其資料格式採用「Intel HEX」的通用格式（以十六進制描述二進制資料的文字檔案）。

◯ 韌體的更新

韌體的更新作業通常不僅只一次。

只要發生下列的任何一種狀況，就需要進行韌體的更新。

・韌體中存在錯誤（Bug），需要寫進錯誤修正版的韌體。

・韌體中存在資安漏洞，需要套用「資安對策修補程式」。

・韌體因故毀損，需要進行修復。

韌體可透過「**雲端伺服器**」、「**可移除式裝置**」、「**資料寫入器**」來更新。

■ 韌體的更新

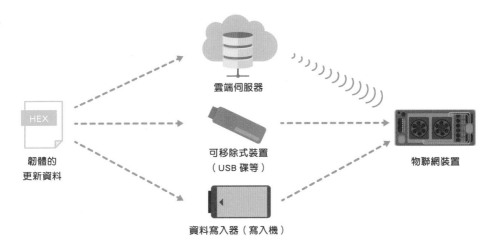

雲端伺服器

HEX

韌體的
更新資料

可移除式裝置
（USB 碟等）

物聯網裝置

資料寫入器（寫入機）

■ 更新手段與更新路徑

更新手段	更新路徑	說明
雲端伺服器	遠距通訊 （無線網路）	· 可統一管理韌體更新狀態，如韌體的版本管理。 · 不限於韌體更新，可應用於各種「裝置管理」，如裝置的狀態監視。
可移除式裝置 (removable media)	現場人工作業	· 又可稱為「抽取式裝置」。 · SD 卡、USB 碟等媒體裝置。 · 存在裝置遺失或者遭竊的風險。 · 媒體裝置難以管理。
資料寫入器	現場人工作業	· 又可稱為「寫入機」。 · 存在寫入器故障的風險。 · 同時進行寫入作業時，僅可使用有限的寫入器。

需要留意的地方是，「物聯網裝置大多運作於難以存取的偏遠地區（偏僻地）」，想要更新物聯網裝置的韌體時，不容易採取物理性的更新手段。

例如，為了更新從北海道到沖繩散布日本全國的物聯網裝置韌體，採取現場人工作業的做法並不切合實際。

考量到上述情況，理想的做法是，架設可透過「雲端伺服器」統一管理韌體更新的系統。

◯ 開發工具的具體例子

在開發韌體的時候，可運用各式各樣的開發工具。不如說缺少開發工具，根本不可能開發韌體。

下面來看開發工具的例子，除了韌體外也有開發軟體的工具。

■ 開發工具的具體例子

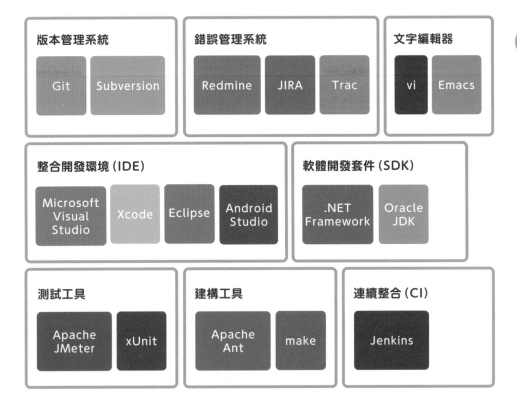

如上所述，開發工具涵蓋了廣範圍的開發作業，想要人工完成如此質與量的工作，過於不切實際。開發作業的成功關鍵可說取決於「能否活用開發工具」。

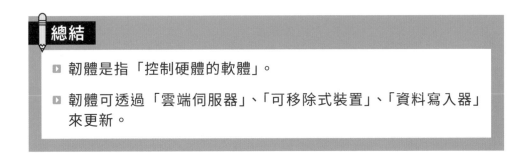

總結

▫ 韌體是指「控制硬體的軟體」。

▫ 韌體可透過「雲端伺服器」、「可移除式裝置」、「資料寫入器」來更新。

19 邊緣運算
~物聯網裝置的即時處理~

「邊緣運算」的概念聽起來像是與物聯網裝置的「雲端伺服器聯動」相反，但它並非不與雲端伺服器聯動，而是用來降低過於依賴雲端伺服器。

○「即時處理」的定義

在強烈講究即時性的使用情境（使用場景）中，物聯網裝置必須具備「**即時處理**」（real time processing）的功能。例如，工作機器的控制、汽車的自動駕駛都需要「即時處理」。即時處理的「即時」是「立即」、「當下」的意思，可知即時處理是指滿足「立即」和「當下」等條件的處理。

■「即時處理」的條件

觀點	條件	說明
開始處理	立即	一有執行請求，立即開始處理。
完成處理	當下	沒有動作延遲，當下完成處理。

・開始處理

相較於「即時處理」，還有「**批次處理**」（batch processing）的處理方式。「批次處理」是等到某個特定時點，再「**一次（批次）**」開始處理，而「即時處理」是一有執行請求，就「**即時（立即）**」開始處理。

在「即時處理」的情況下，若任務執行的優先順序相同，則會依照請求的先後順序來執行任務，亦即「依序循環排程（Round Robin Scheduling)」。

■ 批次處理與即時處理的比較

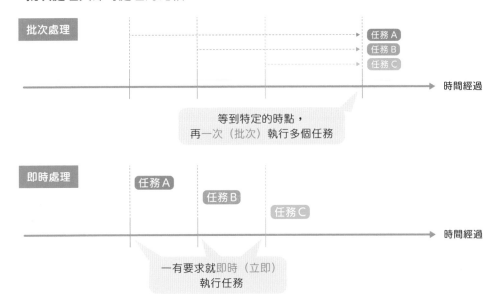

· **完成處理**

處理的「當下（立即）」是指，「**處理時間的請求（時間限制）**」。「即時處理」的「**即時性**」是指，「沒有動作延遲，當下完成處理」。

下面來看滿足「即時性」與未滿足「即時性」的情況。

■「即時性」的定義

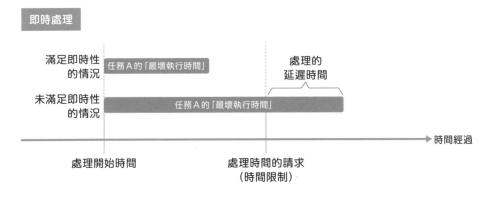

「最壞執行時間」是指可能發生的最長處理時間，需要考慮多次執行的處理時間變異數（誤差）。

若沒有延遲地完成處理，則任務 A 滿足即時性。與此相對，若發生處理延遲時間（未達成處理時間的請求〔時間限制〕），則任務 A 未滿足即時性。

任務必須「零延遲」處理，才可說滿足即時性。

・任務的優先順序與中斷插入

在僅運作單一任務的「單工」（single task）物聯網裝置（未搭載作業系統的單板電腦等），處理任務時容易確保即時性。然而，在同時運作好幾個任務的「多工」（multi task）物聯網裝置（搭載作業系統的單板電腦等），處理任務時會遇到確保即時性的課題 —— 決定複數任務間的「優先順序」。作業系統的「多工」控制機構具有「中斷插入」（interrupt）的功能，可如下執行：

■「中斷插入」的執行例子

順序	內容
①	優先順序低的任務 A 處於「執行中」的狀態
②	優先順序高的任務 B 請求開始執行
③	優先順序低的任務 A 中斷執行，進入「等待中」的狀態
④	優先順序高的任務 B 優先執行，進入「執行中」的狀態

■ 任務的優先順序與中斷插入

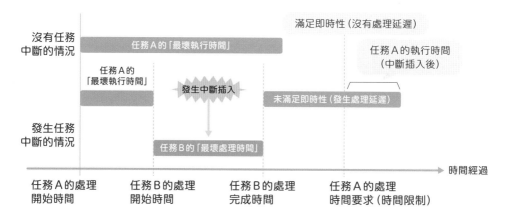

假設「任務 A 的優先順序＜任務 B 的優先順序」（優先處理任務 B）。

在沒有任務中斷的情況，即便需要「最壞執行時間」，也沒有發生處理延遲。此時，任務 A 滿足即時性。

在發生任務中斷的情況，任務 A 處於「執行中」狀態的時候，被優先度更高的任務 B「中斷插入」造成處理延遲。任務 A 的處理因任務 B 的「中斷插入」而被中斷，直到任務 B 處理完成前，任務 A 處於「等待中」的狀態，發生時間落後。此時，任務 A 未滿足即時性。

綜上所述，在「多工」的情況下，滿不滿足即時性受到任務的優先順序和中斷插入所影響。

◯ 邊緣運算的概要

存在於物聯網系統末端（終端）的物聯網裝置，又稱為「邊緣裝置」（edge device）。

不將複雜的計算處理交給雲端伺服器負責，而交由「邊緣裝置」獨立完成稱為「邊緣運算」（edge computing），亦即「不靠上游的雲端伺服器，而靠下游的終端（邊緣）計算處理（運算）」。

「邊緣運算」的誕生起因於「即時處理」，邊緣裝置「即時處理」的時候，沒有餘裕等待雲端伺服器回應。「雲端伺服器的回應」可能因下述阻礙，而發生「**回應延遲**」的情況。

- 雲端伺服器過載
- 線路流量壅塞
- 網路連線故障

■ 進行邊緣運算的理由

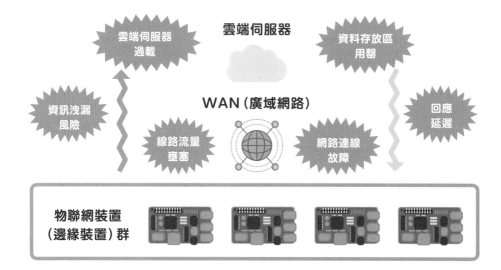

「回應延遲」與未滿足即時性密切相關。因此,當處理注重即時性的時候,建議採取不需要等待「雲端伺服器回應」的「邊緣運算」。除了避免「回應延遲」帶來的不好影響,也會因下述目的採取「邊緣運算」:

· 想要減緩雲端伺服器的資料存放區用罄。

· 想要降低通訊遭攔截等的資訊洩漏風險。

◎ 邊緣運算的用處

邊緣運算的用處除了「**確保即時性**」外,還可「**防止雲端伺服器的過度超載**」、「**防止無線通訊網路的混雜壅塞**」、「**提升資安防護**」。

· 防止雲端伺服器的過度超載

藉由各個邊緣裝置分擔處理來分散負載,試圖提升物聯網系統的穩定性,避免伺服器停機時對整個物聯網系統帶來不好的影響。

・防止無線通訊網路的混雜壅塞

藉由各個邊緣裝置獨立處理,可將與雲端伺服器的通訊降到最低,縮減通訊流量能夠防止無線通訊網路的混雜。

・提升資安防護

透過無線通訊網路上傳數據至雲端伺服器時,可能遭到惡意第三方攔截資料。另外,個人資訊保護法實施後,需要慎重處理可辨識個人的高機敏資訊。

舉例來說,將「監視攝影機」物聯網化後,會處理辨識個人容貌、居住所、攝影時間的資料。這類個人資訊外洩後,可能造成難以估計的損害。

相較於對外公開、難免有資安漏洞的無線通訊網路,將資料置於不對外流動、具高機密性的邊緣裝置中,比較容易保護資訊的安全性。

總結

- 「即時處理」是指,滿足「即時性」(「立即」開始處理與「當下」完成處理)的處理。

- 「邊緣運算」的誕生起因於「即時處理」。

- 邊緣運算的用處包括「確保即時性」、「防止雲端伺服器的過度超載」、「防止無線通訊網路的混雜壅塞」、「提升資安防護」。

COLUMN　開發工具的使用情境

關於物聯網開發上的開發工具，可依照「使用情境（目的）」來瞭解。

使用情境（目的）	說明
版本管理系統	管理原始碼的「版本」。一般具有下述功能： ・ 顯示兩版本間的差異。 ・ 恢復舊有版本。 ・ 防止多人同時作業時編輯衝突。
錯誤管理系統	管理測試軟體時發現的錯誤（Bug）。一般具有下述功能： ・ 管理錯誤的詳細資訊。 　（例：發現時日、發現人員、重現條件、嚴重程度） ・ 管理除錯（Debug）的狀態。 　（例：未修正／修正中／已修正）
整合開發環境 （IDE：Integrated Development Environment)	統整軟體開發所需工具的環境。一般具有相當於「文字編輯器」和「軟體開發套件（SDK）」的功能。
軟體開發套件 （SDK：Software Development Kit)	一般「SDK」具有下述功能： ・ 編譯器 ・ 標準函式庫（由原始碼內部呼叫通用函數） ・ 執行階段（執行軟體時所需的環境）
文字編輯器	用於編寫原始碼。原始碼為文件檔案，可用一般的文字編輯器來撰寫。
測試工具	用於自動化軟體測試。其中，下述測試已完成自動化： ・ 單體測試（以模組單位測試處理結果） ・ 性能測試（測試系統可承受的負載上限）
建構工具	想要「建構」（build）複雜的系統，需要編譯許多原始碼、利用多種函式庫。因此，將繁雜的步驟交由建構工具，試圖提升建構作業的效率。
連續整合 （CI：Continuous Integration)	集體作業需要連續地（continuous）反覆進行原始碼的「整合作業」（integration），以防多人作業時發生編輯衝突、編輯重複。

第 3 章

通訊技術與網路環境

本章將講解的「通訊技術」與「網路環境」，相當於「物聯網（IoT）」中的「I（網際網路）」。過往的「I（網際網路）」追求「雖然高功耗，但實現高容量、高速傳輸」（三高），而物聯網要求的卻是「雖然低容量、低速傳輸，但實現低功耗」，正好與以往的通訊相反。

20 物聯網使用的網路環境
～服務帶來多樣化的網路系統～

物聯網通訊容易被誤認為與一般網路通訊相似，但兩者存在根本上的差異。
隨著物聯網的普及，愈來愈多服務專門提供物聯網通訊。

● 物聯網路的特徵

在具體講解「物聯網路」之前，先來瞭解物聯網通訊與一般網路通訊，在
「數據的傳輸方式」上存在巨大的差異。由於「數據的傳輸方式」相差甚
鉅，物聯網路通訊不適用一般的網路通訊制度（通訊協定、計費方式等）。

■ 物聯網路的特徵

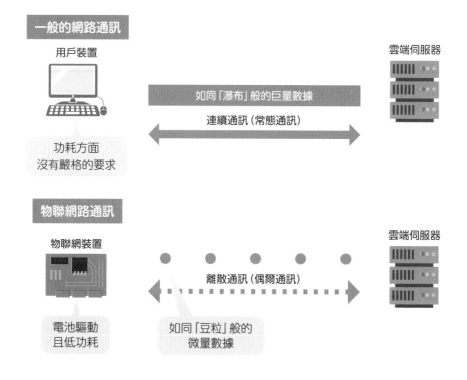

一般的網路通訊

用戶裝置　　　　　　　　　　　　　　　　　　　　　　　雲端伺服器

如同「瀑布」般的巨量數據

連續通訊（常態通訊）

功耗方面
沒有嚴格的要求

物聯網路通訊

物聯網裝置　　　　　　　　　　　　　　　　　　　　　　雲端伺服器

離散通訊（偶爾通訊）

電池驅動
且低功耗

如同「豆粒」般的
微量數據

一般的網路通訊是，巨量數據如同「瀑布」般在網路線路上持續傳輸。為了處理 Youtube 等影片發布、Dropbox 等檔案共享，需要不斷流動傳輸巨量數據。由於電腦等用戶裝置大多可確保電源，功耗方面沒有嚴格的要求。

而物聯網通訊是，微量數據如同「豆粒」般在網路線路上離散傳輸。物聯網裝置多是處理感測器量測值等的微量數據。由於物聯網裝置大多在戶外運作，必須採用電池驅動（包括太陽能驅動），需要想方設法降低功耗。

「連續傳輸」的處理方式無法順利套用至「離散傳輸」，因而催生有效率地處理「離散傳輸」通訊的「物聯網路」。

● 物聯網路的要求

在處理豆粒般傳輸的物聯網通訊時，需要滿足物聯網路的要求。物聯網路的要求與物聯網裝置的限制（前提條件）有關，包括**龐大數量、戶外（偏僻地）運作、講求即時性**。

■ 物聯網路的要求

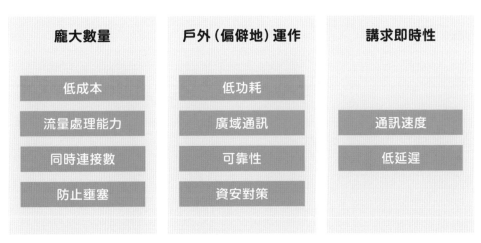

龐大數量	戶外（偏僻地）運作	講求即時性
低成本	低功耗	
流量處理能力	廣域通訊	通訊速度
同時連接數	可靠性	低延遲
防止壅塞	資安對策	

■ 物聯網路的要求細節

物聯網 裝置的限制 （前提條件）	物聯網路的要 求	說明
龐大數量	低成本	由於物聯網裝置的數量龐大，「每台的平均通訊成本」會影響最終的總成本。
	流量處理能力	為了預備「流量」（數據流通量）增加的情況，需要確保足夠的物聯網路容量（頻寬）。
	同時連接數	需要考量物聯網裝置同時連接時的總數最壞值。
	防止壅塞	需要防止物聯網路內的裝置增加所造成的「壅塞」（混雜）。
戶外（偏僻地）運作	低功耗	由於採取戶外電池驅動（太陽能驅動），需要節約功耗。
	廣域通訊	由於戶外缺乏連網設備，物聯網裝置本身得進行長距離無線通訊。
	可靠性	由於難以前往當地排除故障，需要降低故障發生的可能性。
	資安對策	由於難以全面監視戶外的物聯網裝置，需要規劃「防範惡意第三者」的對策。
講求即時性	通訊速度	需要可於指定時間內完成收發數據的通訊速度。
	低延遲	在機器控制等用途，需要降低處理上的延遲。

◉ 物聯網路服務的例子

接著來看物聯網路服務的例子。包括專用於物聯網的通訊網路「LPWA」（Low Power Wide Area），各家業者提供了形形色色的物聯網路，物聯網路市場目前處於「群雄割據」的狀態，尚未出現一支獨秀的獨占企業，可說是競爭劇烈的新興市場。

日本 SAKURA Internet 股份有限公司的「sakura.io」是「單一窗口（One Stop）」型服務，一併提供了物聯網路與物聯網平台。「單一窗口」型服務的誕生起源於「想要避免單純提供通訊基礎架構（網路線路）」，亦即「僅提供線路的獲利空間有限，想要讓線路內傳輸的數據也帶來商業利益」。

■ 物聯網路服務的例子

sakura.io
（SAKURA Internet 股份有限公司）

SORACOM Air
（SORACOM 股份有限公司）

LPWA

LoRaWAN
（SenseWay
股份有限公司）

Sigfox
（京瓷通訊系統
股份有限公司）

NB-IoT
（SoftBank
股份有限公司）

總結

▣ 相較於一般網路通訊的「連續傳輸」，物聯網通訊是「離散傳輸」。

▣ 物聯網路的要求與物聯網裝置的限制（前提條件）有關，包括「龐大數量」、「戶外（偏僻地）運作」、「講求即時性」。

▣ 物聯網路服務處於群雄割據的狀態，也有一併提供物聯網平台的「單一窗口」型服務。

21 物聯網路的選擇
～留意物聯網通訊的消長特性～

物聯網裝置的通訊跟物聯網路的規格（性能）密切相關，但切記不可盡信規格標示的理論數值，務必在實際運用環境測試性能。理論數值與實際數值背離不是什麼稀奇事。

◯ 物聯網路的種類

這邊以物聯網路性能的「通訊速度」和「通訊距離」為縱橫軸，整理物聯網路的種類。雖然實務上還要考慮「功耗」，但「功耗」大致與「通訊速度」、「通訊距離」成正相關，「通訊速度」、「通訊距離」愈大「功耗」也愈大。

■ 物聯網路的種類

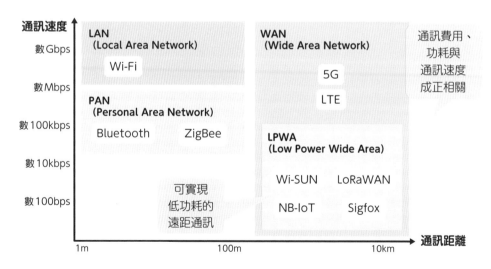

乍看可能會覺得，最佳選擇是「通訊速度」和「通訊距離」皆優異的「5G」、「LTE」，但考量到「功耗」、「通訊費用」的問題，某些物聯網的運用型態可

能無法採用「5G」、「LTE」。「通訊速度」、「通訊距離」、「功耗」、「通訊費用」等規格，彼此具有消長關係。

■「速度」、「距離」、「電力」彼此消長

簡言之，就是「彼長我消、彼消我長」的關係。各種物聯網路具有明確的優缺點，需要區分物聯網系統的要求來使用。下表整理了各種物聯網路的「通訊速度」、「通訊距離」、「功耗」、「通訊費用」。

■ 物聯網路的主要規格

分類	名稱	通訊速度	通訊距離	功耗	通訊費用
PAN	Bluetooth	1Mbps	100m	小 (BLE 的功耗極低)	免費
	ZigBee	250kbps	數十 m	極小	免費
LAN	Wi-Fi	9.6Gbps	戶外：約 300m 室內：約 100m	大	免費
WAN	LTE [*1]	150Mbps	約十數 km	大	昂貴
	5G	20Gbps	與 LTE 相當 [*2]	大	昂貴
LPWA	LoRaWAN	50kbps	十數 km 程度	極小	免費
	Sigfox	上行：100bps 下行：600bps	約數十 km	極小	便宜
	NB-IoT	上行：63kbps 下行：27kbps	與 LTE 相當	極小	便宜
	Wi-SUN	數 100kbps	約 1km (多點跳躍)	極小	免費

[*1] LTE 強化版「LTE-Advanced」的通訊速度是「1Gbps」。

[*2] 5G「毫米波」僅用於可視範圍內的通訊，實務上會搭配 4G（LTE）來運用。

在上述的物聯網路中，進一步討論「Zigbee」和「Wi-SUN」的重點（關於其他的物聯網路，請見後面詳述）。

■ Zigbee 與 Wi-SUN 的重點

名稱	內容
ZigBee	・採用「IEEE 802.15.4」標準規範 ・適用無線感測器網路 ・最大傳輸速度為 250kbps ・傳送距離為數 10m ・每個網路最多可連接 65535 個節點（裝置） ・可從睡眠狀態迅速恢復 ・低功耗（1 個鈕扣電池約可驅動 1 年）
Wi-SUN	・「Wireless Smart Utility Network」的簡稱 ・採用「IEEE 802.15.4g」標準規範 ・用於電力公司的「智慧電錶」（次世代電力量錶） ・通訊速度約數 100kbps ・裝置間的可通訊距離約 500m ・多點跳躍（裝置間如水桶接力般將數據傳至遠方的機制） ・低功耗（1 顆乾電池約可驅動 10 年）

◎ 物聯網路的區分使用

由於不存在適合任意用途的萬能網路，需要有幫助判斷的相關基準（標準），妥當地區分使用物聯網路。

下一頁的流程圖整理了大致的判斷基準。

由流程圖的裝置運用多是沿循下述條件，可知物聯網適用「LPWA」網路。

・ 為了與雲端協作，需要「WAN（廣域網路）連線」。

・ 僅處理微量數據（感測器的量測值等），不需要「大容量（高速）通訊」。

■ 物聯網路的區分使用

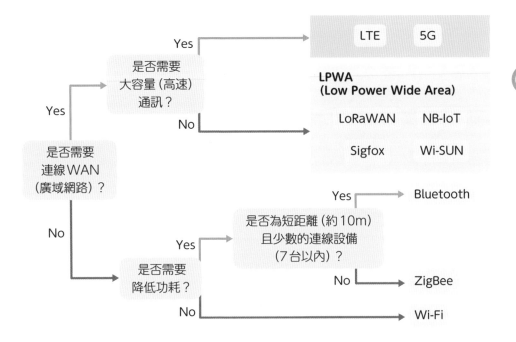

◉ 選擇物聯網路時的相關重點

接著整理選擇物聯網路時的相關重點。

·通訊速度

跟一般網路通訊相同,物聯網路的「**通訊速度**」也是愈快愈好。然而,通訊速度愈快功耗愈高,通訊費用通常也會提高。由於單一物聯網裝置所上傳的數據量(感測器的量測結果等)並不大,可將通訊速度降低到不影響實際運用的水準。

·通訊距離

在物聯網路中,無線通訊的「**通訊距離**」也是愈遠愈好。然而,通訊距離愈遠功耗愈高,還有可能降低通訊的穩定度。

· 頻段

物聯網路使用的無線通訊實際上是「電波」，而電波的性質取決於「頻段」（band），頻率的高低會影響電波的性質。

電波頻率與性質的粗略關係（傾向），如下所示：

■ 電波的頻率與性質

電波頻率	電波性質
高頻	通訊速度快、通訊距離近；功耗高、易受電波干擾
低頻	通訊速度慢、通訊距離遠；功耗低、不易受電波干擾

根據上述的關係性，可知適用物聯網的「LPWA」網路，無線通訊是採用低頻電波的方式。

下面列舉物聯網路無線通訊技術的「頻段」，愈高的頻率傾向為「高速但纖細（不穩定）的通訊」；愈低的頻率傾向為「低速但容易連線的通訊」。

■ 頻段

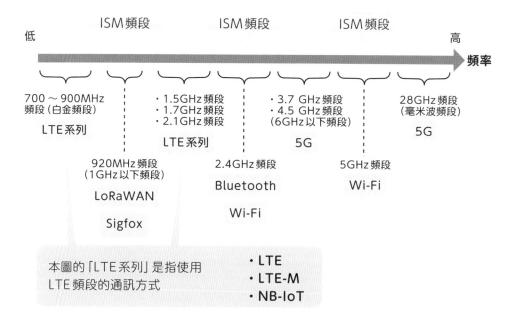

· ISM 頻段

隨著物聯網迅速普及，無線通訊設備也跟著急劇增加，結果造成無線頻段混雜。在這樣的狀態下，採用「Wi-Fi」等社會上廣為使用的通訊方式，可能會與他人的無線通訊衝突而產生「無線壅塞」。使用時需要留意，不同頻段的壅塞程度不一樣。

容易混雜的無線頻段，可舉「ISM 頻段」當作例子。ISM 是「Industry Science and Medical」的簡稱，「ISM 頻段」可直譯為「工業、科學、醫療用頻段」，如同其名是分配給醫療設備、業餘無線基地台、微波爐等的頻段，如 920MHz 頻段、2.4GHz 頻段、5.7GHz 頻段。原則上，想要利用電波（包括架設無線基地台），需要無線電使用執照並向有關單位申請。然而，「ISM 頻段」不需要執照也可利用，許多通訊設備、機械設備皆採用「ISM 頻段」。換言之，「ISM 頻段」因為可免執照任意利用，導致頻繁發生雜訊、電波干擾、無線壅塞（混雜）。

其中，除了藍牙、Wi-Fi 外，微波爐也是使用 2.4GHz 頻段，更加劇了通訊壅塞的情況。在微波爐附近使用藍牙、Wi-Fi，可能因為混入雜訊而無法正常操作。

✎ 總結

- ▶ 物聯網通訊具有消長關係，需要區分物聯網系統的要求來使用。

- ▶ 考量到物聯網裝置的運作條件，物聯網適合使用「LPWA」網路。

- ▶ 選擇物聯網路時的重點，包括「通訊速度」、「通訊距離」、「頻段」。

22 安全利用 Wi-Fi
～居家物聯網不可欠缺的通訊基礎～

Wi-Fi 深深融入我們的日常生活當中，雖然廣為人知，但卻鮮少人知道其名稱的由來。其中有一說是，「Wi-Fi」的名稱是模仿音訊的「Hi-Fi」（High Fidelity）。

◉ 居家物聯網的概要

我們的日常生活中不可欠缺的「住宅」也逐漸物聯網化，住宅的物聯網化可稱為「**居家物聯網**」或者稱為「智慧居家」（smart home）。住宅中的家電轉型物聯網裝置後，會經由物聯網閘道器連線雲端伺服器。下面來看物聯網家電的具體例子。

■ 居家物聯網的概要

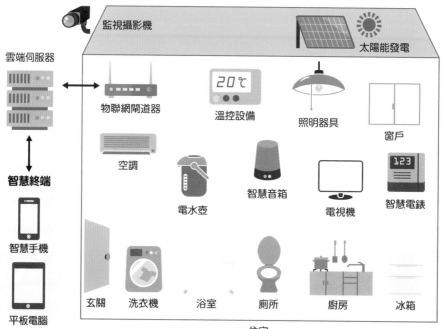

電水壺、空調等傳統家電也可升級為物聯網裝置，如空調物聯網化後，可用智慧裝置從外出地遠距操作電源。然後，「i-Pot」（象印 Zojirushi 股份有限公司）是電水壺物聯網化的具體例子，可透過將操作電水壺的紀錄（日誌）上傳至雲端伺服器，遠距守護獨居長者的生活情況。

・HEMS

「居家能源管理系統」（HEMS：Home Energy Management System）是「居家物聯網」的其中一種型態，定期掌握（視覺化）居家電器使用量、運作情況，試圖最佳化電力使用的機制。HEMS 是以節省能源為目的的「居家物聯網」。

日本政府目標在 2030 年前對所有住宅導入 HEMS，以便實現「零耗能住宅」（ZEH：Zero Energy House）。「零耗能住宅」是指，藉由可再生能源（太陽能發電）等供應居家能源消耗，達到實質能源消耗量趨近零的住宅。不過，可再生能源有其上限，唯有徹底節省能源才得以實現「零耗能住宅」。因此，日本政府期望透過 HEMS「視覺化」用電情況，試圖降低不必要的功耗。

在連接 HEMS 的時候，物聯網裝置（家電）得支援「ECHONET Lite」的通訊規格。然而，目前「ECHONET Lite」的普及率低落，限縮了 HEMS 的發展空間。

・智慧電錶

為了透過 HEMS 達到節省能源的目的，量測用電情況的電錶也要升級為物聯網裝置 ──「**智慧電錶**」（smart meter）。傳統電錶的電費計算需要抄錶人員目視確認，電錶升級為物聯網裝置後，用量情況會上傳至雲端伺服器，並自動計算電費。智慧電錶的通訊規格採用「Wi-SUN」。

◯ Wi-Fi 的概要

Wi-Fi 是居家物聯網不可欠缺的通訊手段。「Wi-Fi」是無線 LAN 的通訊規格，雖然幾乎可說「無線 LAN ≒ Wi-Fi」，但「Wi-Fi」嚴格來說是「Wi-Fi 聯盟（Wi-Fi Alliance）」的無線 LAN 認證。「Wi-Fi 聯盟」是負責「Wi-Fi」認證的機構（業界團體），「Wi-Fi」的無線規格名稱為「IEEE 802.11」，包括「IEEE 802.11n」、「IEEE 802.11ac」、「IEEE 802.11ax」等類型。

■「IEEE 802.11」的類型

無線規格的名稱	Wi-Fi 認證的名稱	頻段	理論最大速度
IEEE 802.11n	Wi-Fi 4	2.4 GHz / 5 GHz	600Mbps
IEEE 802.11ac	Wi-Fi 5	5 GHz	6.93Gbps
IEEE 802.11ax	Wi-Fi 6	2.4 GHz / 5 GHz	9.6Gbps

由於使用者並不清楚無線規格的名稱，Wi-Fi 認證後面會根據策劃制定的順序加上數字（4 → 5 → 6）。通過「Wi-Fi 聯盟」認證的裝置可標示「Wi-Fi CERTIFIED 標章」，而未接受認證的裝置不可自稱「Wi-Fi」設備。

Wi-Fi 的通訊距離約 100 公尺，可涵蓋鄰近距離（約住宅內部的距離）。Wi-Fi 的通訊速度快、普及率高，屬於近距離無線通訊中容易使用的規格。然而，在物聯網上使用 Wi-Fi，會遇到下述問題：

■ Wi-Fi 的弱點

特徵	內容
功耗高	對電池驅動的物聯網裝置來說，Wi-Fi 的耗電過於龐大。關閉智慧手機的 Wi-Fi 功能後，可明顯感到待機時間變長，不難體會到 Wi-Fi 的高功耗問題。
容易發生無線壅塞	由於 Wi-Fi 的普及率高、到處都有 Wi-Fi 電波，容易遇到無線壅塞（混雜）的問題。物聯網裝置的無線通訊可能中途斷線。

考量到 Wi-Fi 的弱點，某些物聯網系統無法採用 Wi-Fi 無線通訊，需要換成「LPWA」、「藍牙」等其他方式。對一般的物聯網裝置來說，「Wi-Fi 的用電需求過於沉重」。相較於物聯網裝置講求「即便通訊速度緩慢，也要降低功耗」，Wi-Fi 的特性卻是「通訊速度快、功耗高」。

○ Wi-Fi 資安防護的概要

Wi-Fi 有實施資安對策防止通訊遭到攔截、竄改，由於牽涉到各種規格、技術，實際內容相當複雜，本書僅摘錄重點來介紹。Wi-Fi 的資安規格可舉「WEP」（Wired Equivalent Privacy）、「WPA」（Wi-Fi Protected Access）、「WPA2」、「WPA3」。

下面來看「WEP」和「WPA」的構成例子。

■ Wi-Fi 資安防護的概要

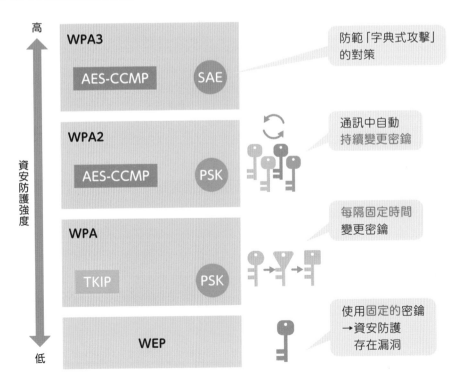

111

■ Wi-Fi 資安防護的細節

規格	內容
WEP	存在資安漏洞，不建議使用。
WPA	採用「TKIP」的加密方式防範「WEP」的資安漏洞。
WPA2	採用「AES-CCMP」的加密方式，具有比「TKIP」更高的防護強度。本書執筆時，產品必須具備「Wi-Fi CERTIFIED」認證。
WPA3	「字典式攻擊」（dictionary attack）藉由大量嘗試常見的密碼，可破解「WPA2」的資安防護。因此，WPA3 採用「SAE」（Simultaneous Authentication of Equals）的認證方式，作為防範「字典式攻擊」的對策。

・「WPA」（Wi-Fi Protected Access）

作為「WEP」資安漏洞的對策，「Wi-Fi 聯盟」推行「WPA」認證保護 Wi-Fi 設備的資訊安全，依照「WPA」、「WPA2」、「WPA3」的順序提高防護強度。Wi-Fi 的資安對策就像是與「惡意第三者」（駭客）玩打地鼠遊戲，不斷反覆「一有漏洞就填補」的過程。

「WPA」的資安防護可粗略分為「加密方式」（encryption）和「認證方式」（authentication），前者是指加密通訊時採用的演算法；後者是指認證 Wi-Fi 裝置的方式。在 Wi-Fi 無線通訊的時候，需要進行「認證」來辨識正規的 Wi-Fi 裝置（以防惡意的第三者非法利用）。

■ WPA 的資安對策

WPA 的版本	加密方式	認證方式
WPA	「TKIP」 (Temporal Key Integrity Protocol)	「PSK」（Pre-Shared Key） ※ 以「預先共享金鑰」（密碼）進行認證
WPA2	「AES-CCMP」 ※ 以「AES」（Advanced Encryption Standard）方式加密的通訊協定「CCMP」（Counter mode with CBC-MAC Protocol）	「PSK」

WPA 的版本	加密方式	認證方式
WPA3	「AES-CCMP」	「SAE」(Simultaneous Authentication of Equals) ※ 因應「PSK」的弱點「字典式攻擊」

・「WPA 個人模式」與「WPA 企業模式」

「WPA」可根據使用情境（用途）分為「個人模式」和「企業模式」，並依照認證方式有不同的「WPA」稱呼。

■ WPA 的模式與稱呼

模式	認證方式	WPA 的稱呼
WPA 個人模式	以「密碼」進行認證。 「WPA2」使用「PSK」認證。 「WPA3」使用「SAE」認證。	WPA2-PSK（WPA2-Personal） WPA3-SAE（WPA3-Personal）
WPA 企業模式	以「IEEE 802.1X」進行認證。 使用外部的認證伺服器（RADIUS 伺服器）。	WPA2（WPA2-Enterprise） WPA3（WPA3-Enterprise）

使用外部的認證伺服器（RADIUS 伺服器），認證的防護強度會比較高。然而，僅為個人（Personal）利用 Wi-Fi 而準備認證伺服器，成本遠遠高於效益，所以「WPA」才區分為企業（Enterprise）模式和個人（Personal）模式。

總結

▫ 「住宅」的物聯網化稱為「居家物聯網」，而「HEMS」是專門節省能源的「居家物聯網」。

▫ 「Wi-Fi」是「Wi-Fi 聯盟」的無線 LAN 認證，無線規格包括「IEEE 802.11n」、「IEEE 802.11ac」、「IEEE 802.11ax」等類型。

▫ 「WPA」（Wi-Fi Protected Access）是 Wi-Fi 的資安防護規格。「Wi-Fi 聯盟」推行「WPA」認證保護 Wi-Fi 設備的資訊安全。

23 可遠距利用的 LTE
～以 LTE-M 擴大覆蓋範圍～

在 40 年間，行動通訊系統歷經了五次世代交替，除了通訊終端裝置急遽增加外，通訊速度也有飛躍性的成長，但同時也碰到無線壅塞（混雜）、雜訊干擾、障礙物遮蔽等新課題。

● 行動通訊系統的世代交替

自初代行動電話誕生約過了 40 個年頭，行動電話也從肩背電話（shoulder phone）進化成智慧手機。隨著電話裝置不斷縮小體積，「**行動通訊系統**」也跟著世代交替，40 年間共經歷了「五個世代」。取英文的 Generation（世代）的字頭分別稱為「1G ～ 5G」，而「3G」以後的行動通訊系統規格，是由「第三代合作夥伴計劃」（3GPP：3rd Generation Partnership Project）的標準化機構檢討、籌劃規定。

■ 行動通訊系統的世代交替

開始年度	1979年～	1993年～	2001年～	2012年～	2020年～
	1G（第一代）	**2G**（第二代）	**3G**（第三代）	**4G**（第四代）	**5G**（第五代）
通訊速度	不可傳輸資料	約100kbps以下	約14Mbps以下	約1Gbps以下	約10Gbps以上
	類比方式	PDC	W-CDMA	LTE	LTE-M
	NTT 肩背電話（100型）／TZ-802型等	NTT docomo mova F等	CDMA2000 au MEDIA SKIN 等	LTE-Advanced Apple iPhone X 等	LG V50 ThinQ 5G 等
	僅用來通話的車載式、肩背式無線電話	採取數位通訊方式，可收發郵件、上網、更換來電鈴聲	俗稱的「掀蓋手機」，可近似電腦地連接網路	俗稱的「智慧手機」，可透過高速無線網路觀看影片	正式拉開物聯網時代的序幕？

在本書執筆時，智慧裝置（智慧手機、平板電腦）上最普及的無線通訊技術是「LTE」（Long Term Evolution）。「LTE」是介於 3G 和 4G 之間的技術，嚴格來說應該歸類為「3.9G」（第 3.9 代）。雖說如此，ITU（國際電信聯盟）承認將「LTE」稱為 4G，所以「LTE」實質上被視為「4G」。正式歸類為「4G」的通訊技術，是「LTE」的進階升級版「LTE-Advanced」。「LTE-Advanced」是以「LTE」為基礎，導入「載波聚合」（carrier aggregation）等新技術，實現最大 1Gbps（下行）的通訊速度。「5G」是最新世代的通訊技術，推出適用物聯網的無線通訊規格「LTE-M」。「LTE-M」是「LTE」的應用技術，可執行符合物聯網特性的無線通訊。

◯ LTE 的概要

LTE 的通訊方向有「上鏈 (uplink)」（用戶裝置→無線基地台。又稱為「上行」）和「下鏈 (downlink)」（無線基地台→用戶裝置。又稱為「下行」），兩者的傳輸速度、多工方式（複數通訊使用同一傳輸線路的通訊技術）不同。

■ LTE 的概要

頻寬 1.4MHz ～ 20MHz

傳送（上鏈）
傳輸速度＝最大 86.4Mbps
多工方式＝SC-FDMA

接收（下鏈）
傳輸速度＝最大 326.4Mbps
多工方式＝OFDMA

用戶裝置
（智慧手機等）

無線基地台

在瞭解 LTE 等無線通訊的時候，需要具備有關「電波」的基礎知識，包括「頻率」、「頻段」、「頻寬」、「多工方式」、「調變方式」等。

無線通訊是使用電波，如同其名透過電的波傳送資料，更嚴謹來說是以「波形」（波的形狀）表達數位資訊（0 和 1）。

「波形」取決於「振幅」（amplitude）和「週期」（cycle），在基準時點的波位置稱為「相位」（phase），振幅表示「波的強度」；週期表示「一個波的間隔」；相位表示「週期中波的位置」。

■ 電波的振幅、週期、相位

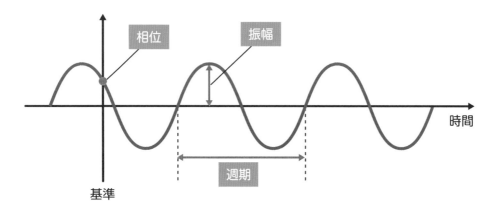

確實瞭解無線通訊中「電波」的三大要素，而無線通訊是藉由操作電波的「振幅」、「週期」、「相位」實現資料傳輸。

• 「頻率」、「頻段」與「頻寬」

「頻率」（frequency）是指「波形每秒重複的次數」，單位為「Hz」（赫茲），如「20MHz」意味「波形每秒重複 2000 萬次」。將數位資訊（0 和 1）與「頻率」對應後，可知「每秒處理的波形粒度愈細微」、「頻率愈高」則「每秒傳輸的資料量愈大」，不難瞭解「頻率愈高、資料傳輸速度愈有利」的原理。

「**頻寬**」（band width）是指無線通訊使用的頻率寬度，也可稱為「頻段寬度」。「頻寬」愈大則傳輸速度愈快，頻寬就好比資料通道的「道路寬度」。LTE 的「頻寬」最大可達「20MHz」。

在無線通訊中，「**頻段**」是與「頻寬」同樣重要的要素。若說「頻寬」相當於「道路的寬度」，則「頻段」相當於「道路的位置」。下面來看「頻段」和「頻寬」的關係：

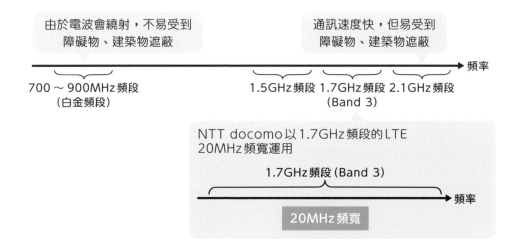

■ 頻段與頻寬

700 ~ 900MHz 的頻段被稱為「**白金頻段**」（platinum band），顧名思義是指如同「白金」般寶貴的頻段。換言之，「白金頻段」是容易連線電波的頻段。對通訊業者來說，電波是否容易連線是攸關生死的問題，無論如何都要想辦法確保「白金頻段」。

「1.7GHz」頻段的頻率比「白金頻段」來得高，雖然通訊速度快，但易受障礙物、建築物遮蔽。電波的頻率愈高，電波的直進性（筆直前進的性質）愈明顯。電波的直進性弱時，會繞射避開（繞過）障礙物、建築物。然而，電波的直進性強時，會直接衝撞障礙物、建築物，遭到遮蔽無法抵達目的地。

・多工方式

如同「白金頻段」字面上的意思，數量有限的頻段非常寶貴。因此，為了有效率運用頻段，需要採用「**多工方式**」（multiplexing）或稱為「**多重存取**」（multiple access）的機制。

「多工方式」是複數裝置共用某一頻段的機制，劃分無線電波的「頻寬」、「利用時間」，分配給複數裝置共用。

「多工方式」的類型有「TDMA」、「CDMA」、「FDMA」、「OFDMA」。

■ 多工方式的類型

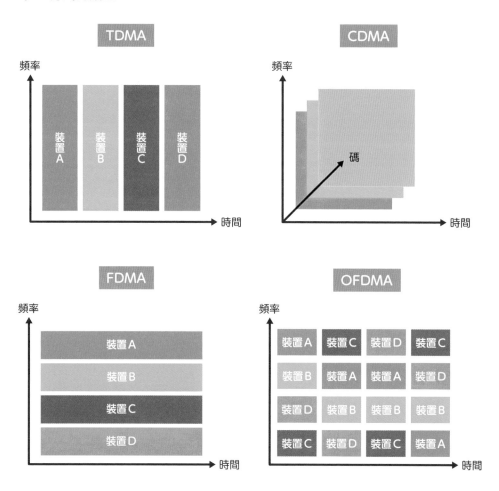

■ 多工方式的種類

方式	內容
TDMA (Time Division Multiple Access)	直譯為「時分多重存取」。劃分某一頻寬的利用時間,分配給複數裝置共用。
CDMA (Code Division Multiple Access)	直譯為「碼分多重存取」。對裝置指派單一碼(code),分配給裝置、基地台共用。基地台可藉由該符碼辨識裝置。複數裝置的頻段、利用時間重複時,會發生通訊彼此干擾的情況。
FDMA (Frequency Division Multiple Access)	直譯為「頻分多重存取」。劃分某一頻寬,分配給複數裝置共用。
OFDMA(Orthogonal Frequency Division Multiple Access)	直譯為「正交頻分多重存取」。劃分頻寬和利用時間,分配給複數裝置共用。

即便祭出「多工方式」的辦法,當眾多裝置同時連接有限的頻段,仍舊難以避免無線壅塞(混雜)的問題。正在網路通訊的智慧手機遇到無線壅塞,會發生封包塞車(通訊像塞車一樣停在讀取中的狀態)的情況。

・調變方式

「調變」(modulation)是指,操作電波的「振幅」、「週期」、「相位」來轉換電波(類比波形)與數位資訊(0 和 1)。

■ 調變方式

方式	內容
振幅調變 (AM:Amplitude Modulation)	以電波的「振幅」表達數位資訊(0 和 1),例如: ・ 振幅小→ 0 ・ 振幅大→ 1
頻率調變 (FM:Frequency Modulation)	以電波的「頻率」表達數位資訊(0 和 1),例如: ・ 週期長→ 0 ・ 週期短→ 1
相位調變 (PM:Phase Modulation)	以電波的「相位差」表達數位資訊。「相位差」是指波形偏離基準時點的程度。透過「相位差」表達多個數位資訊的方式,稱為「相移鍵控」(PSK:Phase-Shift Keying)

LTE 的調變方式包括「QPSK」、「16QAM」、「64QAM」。

■ 調變方式（QPSK、16QAM、64QAM）

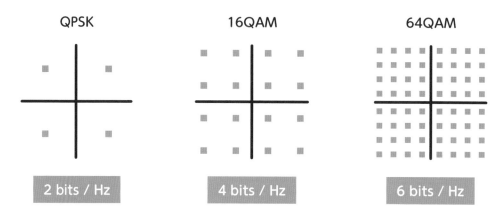

一次調變（Symbol）可表達的資料長度

■ LET 的調變方式

方式	內容
四相移鍵控調變 （QPSK：Quadrature PSK）	運用四種相位的「相移鍵控」（PSK），每次調變可傳輸四種（2bit）的資訊。
正交振幅調變 （QAM：Quadrature Amplitude Modulation）	結合「振幅調變」（AM）和「相移鍵控」（PSK）。 ・16QAM 每次調變可傳輸 16 種（4bit）的資訊 ・64QAM 每次調變可傳輸 64 種（6bit）的資訊

每次調變（Symbol）可傳輸的資料量愈多，則通訊速度愈快，但通訊快速的「64QAM」劃分得過於細瑣，反而有易受到雜訊等外部干擾的缺點。

因此，LTE 會根據電波訊號的強度改變調變方式，通訊情況佳時使用 64QAM；通訊情況差時改用 16QAM、QPSK，通訊速度慢但不易受雜訊干擾，以便確保通訊的完整性。

・MIMO

「多輸入多輸出」（MIMO：Multi-In Multi-Out）是指，使用多根無線天線提高通訊速度的技術。裝置和基地台皆架設多根天線，各個天線同時進行收發訊號。相較裝置 1 根天線和基地台 1 根天線的「單輸入單輸出」（SISO：Single-In Single-Out），「MIMO」的資料傳輸線路充沛，得以實現高速通訊。

■ SISO 與 MIMO

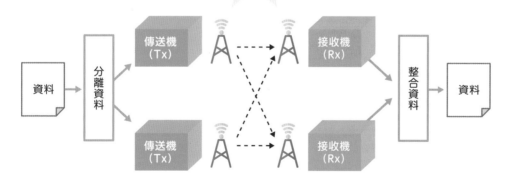

LTE 以「2×2MIMO」（裝置 2 根天線和基地台 2 根天線）為大宗，資料傳輸線路是「SISO」的兩倍，可實現兩倍的「SISO」通訊速度。在規格上，LTE 可支援「4×4MIMO」。

・「LTE-Advanced」的概要

LTE 的進階升級版「LTE-Advanced」是，提高 LTE 通訊速度的無線通訊規格。具體來說，LTE-Advanced 採用下述技術實現高速化：

■「LTE-Advanced」的相關技術

類型	內容
載波聚合 (carrier aggregation)	整合多個頻段的電波（carrier），以擴張電波的頻寬。carrier 譯為「載波」，是指用來收發訊號的電波。
多點協調傳輸 (coMP：coordinated Multiple Point)	協調多個基地台來收發訊號。
MIMO 擴張	透過 LTE 的 MIMO，增加天線數量。
SC-FDMA（Single Carrier-FDMA）	放寬上行頻率的利用限制。
異質網路（HetNet）	同一區域混用相異基地台的技術總稱。
接力傳送	為了擴大無線通訊的覆蓋率（傳輸範圍），在多個基地台間中繼轉送訊號。

其中，比較重要的技術是「載波聚合」（carrier aggregation）。「載波聚合」是集結（aggregation）多個頻段的電波（carrier）進行無線通訊的技術，擴張可利用的頻寬來提高通訊速度。

由於 LTE 的頻寬最大可達「20MHz」，通訊速度最高可提升至「150Mbps」左右。與此相對，LTE-Advanced 藉由集結 LTE 的「20MHz」頻寬電波，最大擴張至「100MHz」頻寬，通訊速度最高可提升至「1Gbps」左右。

◯ LTE-M 的概要

「LTE-M」（LTE Cat.M1）是適用物聯網的 LTE 無線通訊規格。

LTE-M 又稱為「eMTC」（enhanced Machine Type Communication），是設想機器間通訊「M2M」（Machine to Machine）的通訊技術。「LTE-M」的 M 就意味機器（Machine）。

過往的 LTE 不太適用物聯網裝置。物聯網裝置不需要處理龐大容量的數據，所以不必強求通訊速度，但因採用電池驅動，必須徹底降低功耗。過往 LTE 的特性是「通訊速度快、功耗高」，而 LTE-M 是將過往的 LTE 運用於物聯網裝置的技術。

由於物聯網裝置不用高速通訊，不需要如同 LTE 寬廣的頻寬（最大 20MHz 頻寬）。於是，LTE-M 僅將部分的 LTE 頻寬（最大 14MHz 頻寬），運用於物聯網的資料通訊。

■ LTE-M 的概要

透過縮窄頻寬，可將 LTE-M 的通訊速度降至「最大 1Mbps」（上行、下行）。根據通訊速度愈快、功耗愈高的特性，LTE-M 可藉由降低通訊速度實現低功耗。

・LTE-M 的相關技術

接著討論 LTE-M 的相關技術。除了「降低通訊速度」外，也可「盡量避免搜尋基地台」來實現 LTE-M 的低功耗。無線通訊裝置會定期搜尋（找尋）無線基地台，但由於「搜尋基地台」需要消耗大量電力，可透過「eDRX」、「PSM」將其控制在必要最低限度。

■ LTE-M 的相關技術

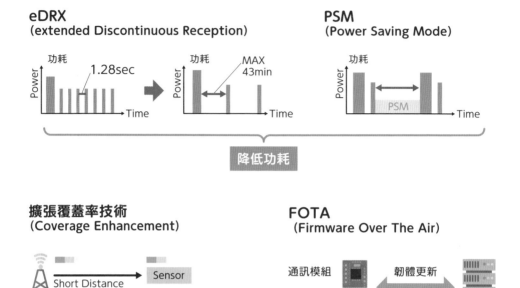

資料來源：https://iot.kddi.com/lpwa/

■ LTE-M 的技術細節

種類	內容
eDRX（extended Discontinuous Reception）	延長搜尋基地台的時間間隔。
PSM（Power Saving Mode）	停止搜尋基地台一段時間。
擴張覆蓋率技術（Coverage Enhancement）	藉由反覆傳送同一資料，提升長距離資料通訊的成功率。
FOTA（Firmware Over The Air）	線上更新物聯網裝置的韌體。

LTE-M 是 LTE 的衍生技術,同樣是利用「執照頻段」(需要無線執照的頻段)的通訊。雖然需要通訊費用,但不易受到電波干擾。

LTE-M 最大的優點是「可直接沿用 LTE 的無線基地台」。通訊業者整備「無線基地台」等通訊基礎設備,需要花費龐大的勞力和成本,而通訊基礎設備的整備程度會直接影響「服務區域」(可無線通訊的地區)的覆蓋範圍。

對多於戶外(偏僻地)運作的物聯網裝置來說,無線通訊的「服務區域」是非常重要的關鍵。

通訊模組的 SIM 卡

想要連接行動電話通訊業者(例:NTT docomo、au、SoftBank 等)提供的網路線路(例:3G、LTE 等),通訊模組必須插入 SIM 卡。SIM 卡是指,記錄特定參加者 ID 編號(電話號碼)的 IC 卡。

面對龐大數量的物聯網裝置,不容忽視各台裝設通訊模組(和 SIM 卡)所需的「初期投資成本」(硬體費用)。一般傾向關注物聯網裝置的通訊費用,但也得考量何時才能夠回收初期投資成本。

總結

- ▸ 「行動通訊系統」的五個世代分別稱為「1G ～ 5G」,「LTE」實質上屬於「4G」而「LTE-M」是「5G」。

- ▸ 在瞭解 LTE 等無線通訊的時候,需要具備有關「電波」的基礎知識(頻率、頻段、頻寬、多工方式、調變方式)。

- ▸ 「LTE-M」(LTE Cat.M1)是適用物聯網的 LTE 無線通訊規格。

24 物聯網的次世代行動通訊方式
～最適合物聯網的 5G 網路～

5G 並非提升 4G 通訊速度的單純進化，從「毫米波」、「區域型 5G」等大幅改變來看，更像是突然變異的個體。正因為是突然變異，堪稱相當奇特的技術。

◉ 5G 的概要

「5G」（第五代）是最新世代的「行動通訊系統」。「5G」並非單純的「4G」（LTE-Advanced）進化版本，而是針對物聯網大幅升級的技術。具體而言，「5G」需要滿足「eMBB」（高速度）、「URLLC」（低延遲）、「mMTC」（多連結）等要求。

■ 5G 的概要

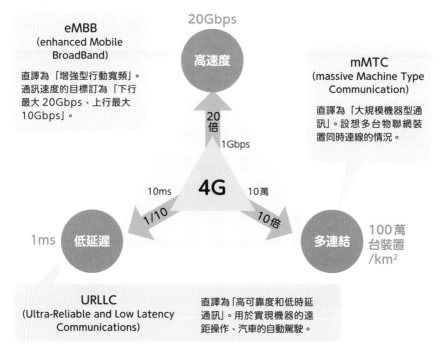

eMBB
(enhanced Mobile BroadBand)

直譯為「增強型行動寬頻」。通訊速度的目標訂為「下行最大 20Gbps、上行最大 10Gbps」。

20Gbps
高速度

mMTC
(massive Machine Type Communication)

直譯為「大規模機器型通訊」。設想多台物聯網裝置同時連線的情況。

20倍
1Gbps

4G

10ms　10萬

1/10　10倍

1ms　低延遲

多連結　100萬台裝置/km²

URLLC
(Ultra-Reliable and Low Latency Communications)

直譯為「高可靠度和低時延通訊」。用於實現機器的遠距操作、汽車的自動駕駛。

粗略而言，「1G ～ 4G」的進化主要是提高通訊速度，相當於「5G」的「eMBB」部分，而「5G」除了「高速度」外，也注重「低延遲」、「多連結」。物聯網系統不可欠缺「低延遲」、「多連結」，如透過物聯網遠距操作機器設備時，需要通訊傳輸的「低延遲」以及大量物聯網裝置的「多連結」。

· 5G 的頻率

「5G」的無線技術稱為「NR」（New Radio），跟「4G」最大不同之處在於，「NR」使用的電波頻段。「4G」的電波使用「3.6GHz 以下」的低頻頻段，而「5G」使用低頻頻段（**6GHz 以下頻段**）與「**28GHz 頻段**」的高頻頻段（「毫米波頻段」）。

「**毫米波頻段**」的名稱取自，「28GHz 頻段」的電波波長約為「1 毫米（mm）」。

■ 5G 的頻率

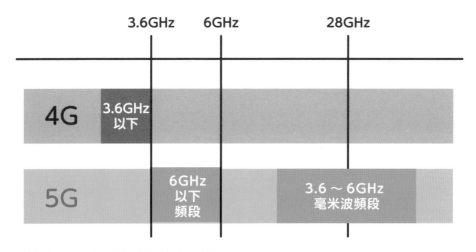

資料來源：https://getnavi.jp/digital/436194/

如 Sec.23 所述，頻率愈高通訊速度愈快，「毫米波頻段」有助於實現「eMBB」（高速度）。然而，頻率愈高電波愈易受到干擾，「毫米波頻段」電波直進性強容易衰減，相較於「4G」電波僅可傳達到短近的距離。

由於「毫米波頻段」的無線通訊只能抵達可視範圍的距離，所以又稱為「視距」（Line of Sight）通訊。

■「毫米波頻段」的特徵

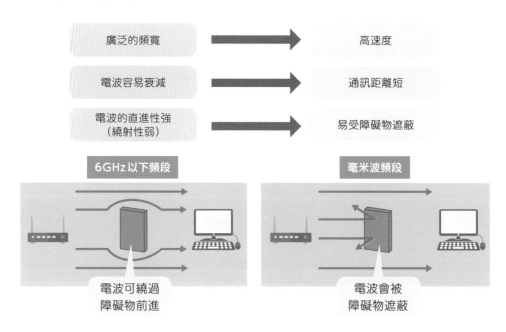

堪稱 5G 特色的「毫米波頻段」電波實現了高速通訊，但傳輸距離比 4G 電波短，難以直接運用。因此，5G 需要搭配各項技術發揮「毫米波頻段」的特性。

・5G 的相關技術

5G 的相關技術林林總總，但基本上都是為了①加長通訊距離彌補「毫米波頻段」的弱點、②滿足「eMBB」（高速度）、③滿足「URLLC」（低延遲）、④滿足「mMTC」（多連結）。

關於「無線」（電波）的技術，可舉「**小型基地台**」與「**大型基地台**」、「**波束成形**」（beam forming）、「**Massive MIMO**」、「**非正交多重存取**」。

「小型基地台」與「大型基地台」

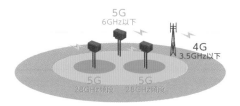

Massive MIMO

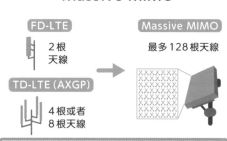

根據無線基地台的規模分類，其可通訊的範圍稱為「cell」。

- 「小型基地台」(small cell) 是指，涵蓋狹窄範圍（短近距離）的基地台。
- 「大型基地台」(macro cell) 是指，涵蓋廣泛範圍（長遠距離）的基地台。

「毫米波頻段」電波無法傳輸長遠距離，所以由「小型基地台」負責 5G 通訊。由「大型基地台」負責傳輸長遠距離的 4G 通訊，彌補「小型基地台」的不足之處。換言之，結合「遠距離＝4G」和「近距離＝ 5G」進行通訊。

無線基地台端大量（massive）增加天線數量的「MIMO」，實體型態是大規模的陣列天線（array antenna）。

與「波束成形」併用讓各天線限定對準各用戶裝置來傳輸資料，可避免用戶裝置間的電波干擾。

波束成形

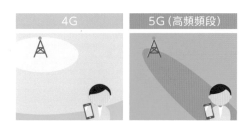

非正交多重存取
(NOMA：Non-Orthogonal Multiple Access)

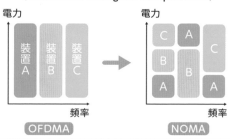

限制特定方向集中發射電波，其原理就好比「擠壓水管的出水口，讓流水噴得更遠」。
電波的傳輸距離變長，可避免設備間的電波干擾。

除了「OFDMA」的兩軸（「頻率」和「利用時間」）外，另外加入第三軸「電力」。識別裝置時也考量了「電力」的強弱，實現比「OFDMA」更加細分的多重存取。

資料來源：https://www.au.com/mobile/area/5g/gijyutsu/
https://www.softbank.jp/mobile/network/5g/

降低通訊負載（overhead）的技術，可舉「**免授權方式**」（Grant Free）、「**C/U 分離**」（C-U Split）。

■ 5G 的相關技術②

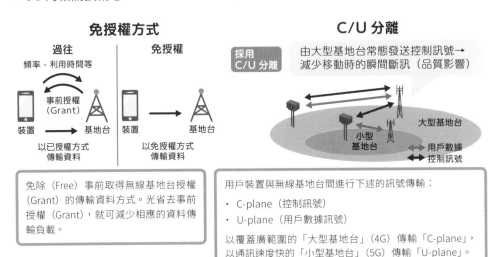

免授權方式

過往
頻率、利用時間等

事前授權
（Grant）

裝置　→　基地台

以已授權方式
傳輸資料

免授權

裝置　→　基地台

以免授權方式
傳輸資料

> 免除（Free）事前取得無線基地台授權
> （Grant）的傳輸資料方式。光省去事前
> 授權（Grant），就可減少相應的資料傳
> 輸負載。

資料來源：「日經 BizGate」、
　　　　　「KDDI 股份有限公司」
　　　　　的公開資料

C/U 分離

採用
C/U 分離

由大型基地台常態發送控制訊號→
減少移動時的瞬間斷訊（品質影響）

大型基地台
小型
基地台
↔ 用戶數據
↔ 控制訊號

> 用戶裝置與無線基地台間進行下述的訊號傳輸：
>
> ・ C-plane（控制訊號）
> ・ U-plane（用戶數據訊號）
>
> 以覆蓋廣範圍的「大型基地台」（4G）傳輸「C-plane」，
> 以通訊速度快的「小型基地台」（5G）傳輸「U-plane」。
>
> 「小型基地台」的傳輸範圍狹窄，用戶裝置（UE：User
> Equipment）移動時會頻繁發生連線、斷線，故不用「小
> 型基地台」來傳輸「C-plane」。

通訊基礎設備的相關技術，可舉「**邊緣運算**」、「**網路切片**」（network slicing）。

■ 5G 的相關技術③

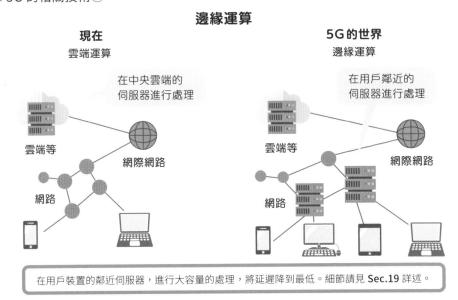

邊緣運算

現在
雲端運算

在中央雲端的
伺服器進行處理

雲端等

網際網路

網路

5G 的世界
邊緣運算

在用戶鄰近的
伺服器進行處理

雲端等

網際網路

網路

> 在用戶裝置的鄰近伺服器，進行大容量的處理，將延遲降到最低。細節請見 **Sec.19** 詳述。

網路切片

現在	5G 的世界
不同請求的通訊服務 使用同一個管道	區分通訊服務 使用不同的管道

服務 A

服務 B

服務 C

資料來源：https://www.au.com/mobile/area/5g/gijyutsu/

・由 4G 轉變為 5G

一口氣將 4G 的無線基地台換成 5G 的無線基地台不切合實際，日本國內目前預計先採用「非獨立」的運作方式。由於整備 5G 無線通訊的「小型基地台」需要耗費大量勞力，從「非獨立」方式完全轉為「獨立」方式還得花上一段時間。

■ 5G 的運用型態

類型	內容
非獨立 （NSA：Non-Stand Alone）	・併用 4G（大型基地台）和 5G（小型基地台）的運作方式。 ・採用「C/U 分離」，以 4G 通訊傳輸控制訊號。
獨立 （SA：Stand Alone）	・單獨運用（獨立）5G。 ・採用擴張到 5G 的控制訊號，可實現「網路切片」。

當落實「獨立」方式後，可完全發揮 5G 效能來實現「網路切片」。

5G 的「eMBB」（高速度）、「URLLC」（低延遲）、「mMTC」（多連結）彼此消長，單一網路基礎設備難以同時滿足所有要求。

為了解決消長的問題，可區分用途使用網路基礎設備（「網路切片」）。例如，需要「發布影片」的人使用重視「eMBB」（高速度）的切片。

● 「區域型 5G」的概要

「區域型 5G」（Local 5G）如同字面上是指「區域的」（local）5G，非通訊業者的一般企業申請執照，僅在公司用地內、建築物內等「區域的」範圍架設自家 5G 專網的制度。因為是自家使用，得自行負責整備「區域型 5G」的無線基地台。日本總務省倡議的「區域型 5G」概念，如下所示：

· 利用 5G 通訊
· 根據地區需求架設較小規模的通訊環境
· 可自行取得無線基地台執照
· 可利用持有無線基地台執照的外部「區域型 5G」系統

■「區域型 5G」的概要

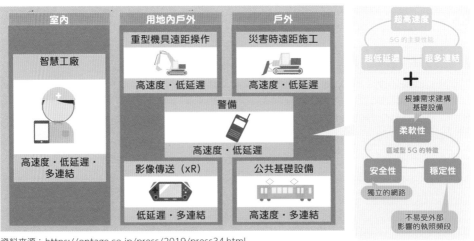

資料來源：https://optage.co.jp/press/2019/press34.html
https://www.sbbit.jp/article/cont1/36946

「區域型 5G」的使用情境大致就是「工業 4.0」，利用「區域型 5G」的「eMBB」（高速度）、「URLLC」（低延遲）、「mMTC」（多連結），實現最佳化整間工廠的「智慧工廠」（smart factory）。

普通「5G」和「區域型 5G」使用的頻段明顯不同，通訊業者和一般企業互不侵犯各自的頻段。

■「區域型 5G」的頻段

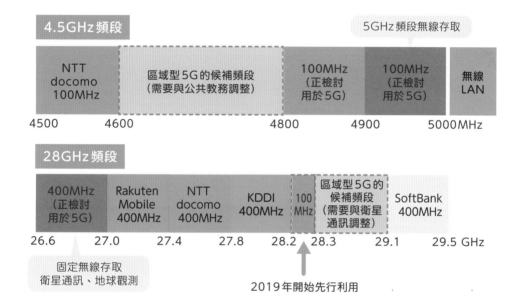

5G 使用的「毫米波頻段」電波傳輸距離短，不適合用於一般消費者的智慧手機。然而，若是「區域型 5G」等無線通訊範圍限定在公司用地內、建築內的「區域」範圍，就沒有無線通訊距離的問題。不如說，電波傳輸距離短的性質，反而可提高資訊安全。

就筆者來看，「區域型 5G」似乎是「嘗試將 5G 的普及轉嫁給一般企業的政策」。

4G 通訊以往是交由通訊業者來普及，但 5G 通訊需要建置遠多於 4G 的無線基地台（「小型基地台」）。5G「毫米波頻段」電波的傳輸距離短，相對得增加「小型基地台」的數量來彌補缺點，否則大部分的地區都沒有 5G 電波，「5G 智慧手機」也無用武之地。然而，對通訊業者來說，「小型基地台」的架設相當耗費金錢、勞力、時間。這樣的話，不如也將 5G 開放給有餘力投資物聯網的一般企業，讓他們代替通訊業者架設「小型基地台」。「區域型 5G」的背後可感受到政府的意圖。

● 5G 的展望

5G 是以普及物聯網為目標，具有挑戰性的無線通訊規格，即便使用難以掌握的「毫米波頻段」，也要想方設法提高通訊速度。然而，一般消費者已經十分滿意 4G（相當於 LTE）的通訊速度，對 5G 的關注程度似乎沒有很高，縱使是以智慧手機觀賞數據流量大的影片網站（Youtube 等），LTE 的通訊速度就十分足夠。在這樣背景下，一般消費者難以體會「5G 手機」的優勢（使用情境），與政府、通訊業者的期待背道而馳，推廣 5G 宛若「對牛彈琴」一般。

推廣 5G 的前提條件是，5G 的服務範圍擴大至日本全國，覆蓋範圍至少得達到「可在鄉下使用 5G 手機」的水準。想要達到這樣的水準，僅由通訊業者大量建設「小型基地台」，勢必得花上漫長的歲月。「毫米波頻段」的電波最多僅可於視線範圍內傳輸，必須以短小的間隔距離密集架設「小型基地台」。「小型基地台」的架設成本高昂，對通訊業者來說負擔恐怕過於沉重。

有一種說法是，「毫米波頻段」的電波可能會「對人體產生不好的影響（有害健康）」。當四周盡是無線基地台，並發射強力的電波時，人類有可能暴露在大量的電磁波下。電磁波對人體的影響尚在研究中，可能會是推廣 5G 的巨大風險因素。

由於比 4G 存在更多課題，5G 能否順利普及仍是未知數。國土遠大於日本的美國、中國，也在普及 5G 上陷入苦戰。換言之，日本需要比美國、中國

更加推廣，才有辦法在日本國內普及 5G 通訊。前進 5G 還是停留 4G，抑或直接跳到 6G，可說是日本通訊的重要分界點。

■ 關於 5G

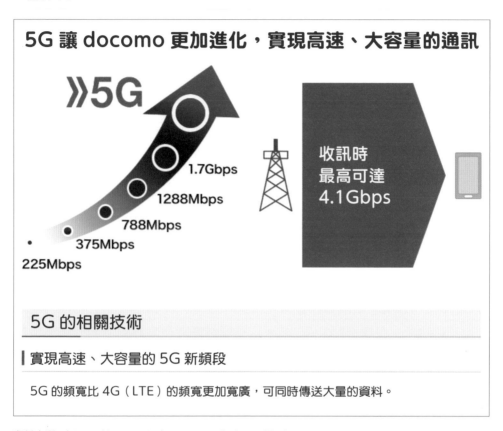

5G 讓 docomo 更加進化，實現高速、大容量的通訊

》5G

1.7Gbps

1288Mbps

788Mbps

375Mbps

225Mbps

收訊時
最高可達
4.1Gbps

5G 的相關技術

實現高速、大容量的 5G 新頻段

5G 的頻寬比 4G（LTE）的頻寬更加寬廣，可同時傳送大量的資料。

資料來源：https://www.nttdocomo.co.jp/area/5g/

總結

▸ 5G 的要求包括「eMBB」（高速度）、「URLLC」（低延遲）、「mMTC」（多連結）。

▸ 「區域型 5G」是，由非通訊業者的一般企業申請執照，僅在公司用地內、建築物內架設自家 5G 專網的制度。

25 低功耗的無線通訊技術 (LPWA)
～ LoRaWAN、Sigfox、NB-IoT ～

物聯網專用的無線通訊技術「LPWA」，進入群雄割據的戰國時代，百花齊放各種規格。本書並未網羅全部的 LPWA，僅摘要三大 LPWA 的重點來說明。

○ LPWA 的概要

「LPWA」（Low Power Wide Area）是，適用物聯網的無線通訊技術總稱。

如同字面上的意思，是指所有實現「低功耗遠距離通訊」的無線通訊技術（並非專指單一技術的用語），使用「LPWA」的網際網路稱為「LPWAN」（低功耗廣域網路的簡稱）。

如 Sec.21 所述，遠距離通訊會消耗大量電力，所以 LPWA 犧牲通訊速度來實現「低功耗遠距離通訊」。物聯網感測器處理的微量資料不需要高速傳輸量測數據，即便通訊速度低落也沒有關係。

伴隨物聯網的普及，LPWA 的無線通訊技術呈現群雄割據的狀態，目前仍舊不曉得誰會奪得天下（成為業界標準）。後面會解說「LoRaWAN」、「Sigfox」、「NB-IoT」。

・「蜂巢式」與「非蜂巢式」

LPWA 可粗略分為「蜂巢式」和「非蜂巢式」，前者是通訊業者提供無線通訊（LTE 的應用技術），需要日本總務省核發的無線基地台執照，而後者不需要執照，個人、企業可自由地利用無線通訊。

「NB-IoT」是比「LTE-M」更加節省功耗的無線通訊技術，功耗之低甚至「兩顆 3 號電池就有 10 年左右的續航力」，但通訊速度比「LTE-M」更加緩慢。

「非蜂巢式」可說是 LPWA 的一大特色，相較於以往由專門的通訊業者提供的通訊技術，個人或者企業可自由發送「LoRaWAN」、「Sigfox」等無線電波（但是，通訊模組需要擁有「技證」）。

■ LPWA 的概要

・「上行通訊」與「下行通訊」

使用 LPWA 時需要注意通訊的方向，分為「上行通訊」和「下行通訊」兩種類型，傳輸至網際網路（雲端）稱為「上行通訊」；傳輸至用戶裝置稱為「下行通訊」。

根據無線通訊的類型，「上行」和「下行」的通訊速度、通訊次數等技術規格可能不一樣。一般來說，觀看影片等的高速無線通訊，是「下行」規格較佳的網路，而適用物聯網系統（例：蒐集微量感測器數據）的低速無線通訊，是「上行」規格較佳的通訊網路。

⊙ LoRaWAN 的概要

「LoRaWAN」是一種利用「LoRa」無線技術的 LPWA 網路，由「LoRa 聯盟」非營利團體努力推廣。「LoRa」和「LoRaWAN」為似是而非的技術，就意象而言「LoRaWAN」涵蓋了「LoRa」。

LoRaWAN 使用「1GHz 以下頻段」的「920MHz 頻段」，而「920MHz 頻段」是不需許可證的「ISM 頻段」（「免執照頻段」）。

■ LoRa 與 LoRaWAN

方式	內容
LoRa	規範無線基地台、通訊模組等的實際規格。「LoRa」是「Long Range」（長距離）的簡稱，設想長距離通訊的調變方式。
LoRaWAN	採用 LoRa 調變方式的 WAN（廣域網路）規格。 • 除了 LoRa 調變外，也可使用「頻移鍵控調變」（FSK：Frequency Shift Keying）。 • 除了物理層（LoRa 調變或者 FSK 調變）外，也規範了上位 MAC 層（LoRa MAC）的相關事項。

• LoRaWAN 的主要規格

下面來看 LoRaWAN 的主要規格。

■ LoRaWAN 的主要規格

項目	內容
通訊速度	規範了 8 種級別的數據傳輸率（DR：Data Rate），可設定「DR0」（250bps）～「DR7」（50,000bps）。DR 級別愈高通訊距離愈短，通常設定為「DR5」（5,470bps）。
通訊距離	約十數 km（在視野空曠的戶外，通訊距離約 3km；在室內或者存在障礙物，通訊距離約 1km）。
頻段	920MHz 頻段（使用「ISM 頻段」中的「1GHz 以下頻段」，屬於不需許可證的「免執照頻段」）。
頻寬	125kHz
技術規格	開源規格
功耗	可用電池運作 10 年左右
費用	通訊模組：每個數百日圓左右
承載大小	11 ～ 242Byte（每次傳輸）
每日可通訊次數	無限制（※ 但是，必須遵循「電波產業會」（ARIB）的規定）
推廣團體	LoRa Alliance（https://lora-alliance.org/）
標準的物聯網平台	The Things Network（https://www.thethingsnetwork.org/）
特殊事項	可自由架設無線基地台（閘道器）。 「調適性數據傳輸率」（ADR：Adaptive Data Rate）：根據通訊穩定程度，自動切換裝置的數據傳輸率。

· LoRaWAN 的系統構成

LoRaWAN 的系統構成，通常包括「用戶裝置」、「物聯網閘道器」、「物聯網平台」等三層結構。

■ LoRaWAN 的系統構成

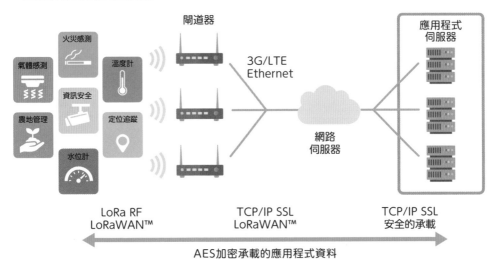

下面來看 LoRaWAN 系統構成的簡易例子，只要準備市售的通訊模組、單板電腦（Raspberry Pi 等），就可建置 LoRaWAN 的物聯網系統。

■ LoRaWAN 系統構成的簡易例子

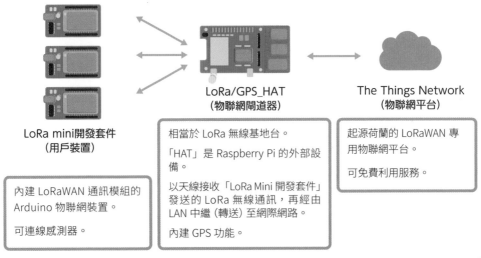

LoRaWAN 值得著墨的地方是，只要準備好 LoRaWAN 的「物聯網閘道器」，任誰都可架設 LoRa 無線基地台。與此相對，若是需要許可「執照」的無線通訊，任意架設基地台可能會違反「電波法」。

雖然需要花錢購買（初期投資）「物聯網閘道器」，但系統建置完成後，就可以無線 LAN（Wi-Fi）的感覺，實現「低功耗、遠距離」的無線通訊。使用自家的 LoRaWAM 網路，跟無線 LAN（Wi-Fi）一樣不需要通訊費用。除了自己架設 LoRaWAN 網路外，也可利用其他業者供應的 LoRaWAN 網路，但需要支付相應的通訊費用。

LoRaWAN 需要面對的課題是，因低成本、高便利性等優點造成「自家 LoRaWAN 網路」林立，可能產生通訊壅塞（混雜）的風險。相較於無線通訊專家建置的「蜂巢式」通訊網路，穩定性、可靠性無法媲美相關業者，但如果能夠自行承擔風險、責任的話，LoRaWAN 是非常適用於物聯網的無線通訊。

・LoRaWAN 的疊層結構

LoRaWAN 的疊層結構可粗略分為「**物理層**」和「**MAC 層**」，「MAC 層」相當於 OSI 參考模型中的「數據鏈結層」（與鄰近的裝置通訊）。

■ LoRaWAN 的疊層結構

在「MAC 層」中的「LoRa MAC」，將「用戶裝置接收的下鏈訊號」分為三個級別（「Class A」、「Class B」、「Class C」）。

「接收下鏈訊號」需要消耗相應的電力，盡可能減少收訊處理可節省處理時的功耗。

■ LoRa MAC 的級別

級別名稱	功耗	說明
Class A (Baseline)	低	僅可於上鏈傳輸後，接受下鏈訊號。
Class B (Beacon)	中	由閘道器定期發送信標（beacon）訊號，透過信標訊號同步所有的用戶裝置。用戶裝置會定期待機接收信標訊號。
Class C (Continuous)	高	除了上鏈傳輸外，幾乎是常態接收下鏈訊號。

◯ Sigfox 的概要

「Sigfox」可說是「LoRaWAN」的競爭規格，跟「LoRaWAN」一樣是「免執照 LPWA」，使用「免執照（不需許可證）頻段」的「920MHz 頻段」（「1GHz 以下頻段」）。

「Sigfox」是起源法國的通訊規格，基於法國 Sigfox 公司方針，全球各國僅允許 1 間營運商獨占部署。

在日本是由「京瓷通訊系統股份有限公司（KCCS：KYOCERA Communication Systems）」獨占部署 Sigfox。

・Sigfox 的主要規格

下面來看 Sigfox 的主要規格。

■ Sigfox 的主要規格

項目	內容
通訊速度	上行：最大 100bps 下行：最大 600bps
通訊距離	約數 10km
頻段	920MHz 頻段 （使用「ISM 頻段」中的「1GHz 以下頻段」，屬於不需許可證的「免執照頻段」。）
頻寬	100Hz
技術規格	法國 Sigfox 公司的獨家規格
功耗	可用電池運作 10 年左右
費用	通訊模組：每個數百日圓左右
承載大小	上行：最大 12Bytes 下行：最大 8Bytes （每個「訊息」單位）
每日可通訊次數	上行：140 次 下行：4 次
推廣團體	網路服務的供應商「法國 Sigfox 公司」（https://www.sigfox.com/） 獲得法國 Sigfox 公司認可的日本國內營運商「京瓷通訊系統股份有限公司（KCCS）」（https://www.kccs.co.jp）
標準的物聯網平台	Sigfox Backend Cloud（https://backend.sigfox.com/）
特殊事項	「Sigfox Atlas」：內建 Sigfox 通訊模組的裝置，沒有 GPS 功能僅可掌握粗略的定位資訊。 雖然可「下行」通訊但限制頗多，實質上主要用於「上行」通訊。 基於法國 Sigfox 公司的方針，各國僅有 1 間 Sigfox 網路的「營運商」（operator），而日本的營運商是「京瓷通訊系統股份有限公司（KCCS）」。

· Sigfox 的系統構成

相較於 LoRaWAN 的開源規格，Sigfox 採用法國母公司的獨家規格（閉源規格），前者可自行建置無線基地台，但後者得使用 Sigfox 陣營準備的網路，包含無線基地台的網路整備，全部都得由 Sigfox 陣營負責提供。

■ Sigfox 的系統構成

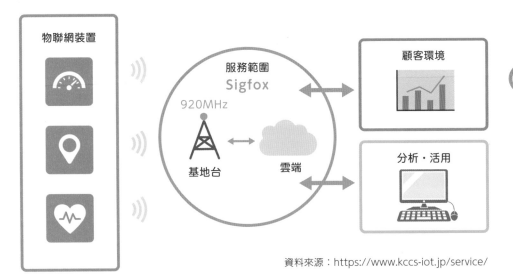

資料來源：https://www.kccs-iot.jp/service/

下面來看 Sigfox 系統構成的簡易例子。跟 LoRaWAN 一樣，準備 Sigfox 的通訊模組、物聯網平台。

■ Sigfox 系統構成的簡易例子

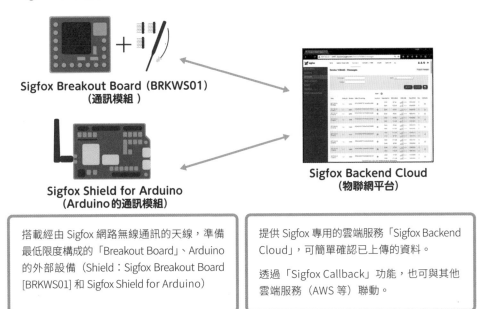

Sigfox Breakout Board（BRKWS01）
（通訊模組）

Sigfox Shield for Arduino
（Arduino的通訊模組）

Sigfox Backend Cloud
（物聯網平台）

搭載經由 Sigfox 網路無線通訊的天線，準備最低限度構成的「Breakout Board」、Arduino 的外部設備（Shield：Sigfox Breakout Board [BRKWS01] 和 Sigfox Shield for Arduino）

提供 Sigfox 專用的雲端服務「Sigfox Backend Cloud」，可簡單確認已上傳的資料。

透過「Sigfox Callback」功能，也可與其他雲端服務（AWS 等）聯動。

物聯網裝置與 Sigfox 通訊模組之間，採用「UART」（串列通訊）進行通訊。由物聯網裝置的韌體發送「Sigfox AT 指令」，經由 Sigfox 網路上傳檔案至雲端伺服器。

・Sigfox UNB 通訊

Sigfox 採用頻寬非常狹窄的「超窄頻」（UNB：Ultra Narrow Band）無線通訊，在整個 Sigfox 頻寬「200kHz = 200,000Hz」中，僅使用「100Hz（整體的 0.05%）」的頻寬。Sigfox 的基本運作是，使用「100Hz」極狹窄頻寬傳送「最大 12Bytes」的「訊息」。

■ Sigfox UNB（超窄頻）通訊

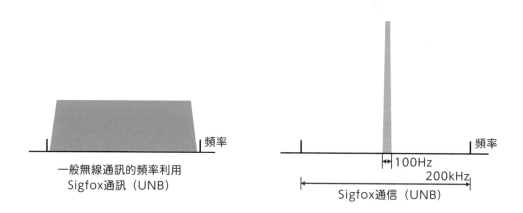

資料來源：京瓷通訊系統股份有限公司的資料

縮窄「頻寬」可提高頻譜密度（類似電波密度），當電波密度愈高時，愈不易受到其他通訊電波、雜訊的干擾。

144

・Sigfox 的容錯性

Sigfox 有技術性對策來防止通訊錯誤,雖然處理起來冗長,但藉由多次(多種路徑)傳送同一資料,可減少網路錯誤造成資料遺失的風險。

・ 多次傳送同一資料

・ 經由多條路徑傳輸同一資料

另外,透過降低通訊速度(頻寬)的性能,可提高通訊傳輸的穩定性。

・ 縮窄頻寬,減少與其他無線通訊競爭資源(線路壅塞)。

・ 刻意降低通訊速度,確保資料接收的穩定性。

下面來看增進 Sigfox 容錯性的相關技術。

■ Sigfox 的容錯性

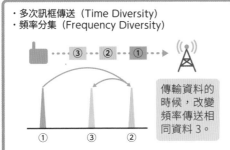

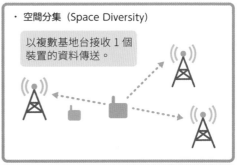

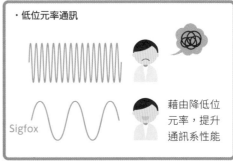

資料來源:引自京瓷通訊系統股份有限公司的資料

◯ NB-IoT 的概要

相較於 LoRaWAN、Sigfox 等「免執照 LPWA」（非蜂巢式），「NB-IoT」
（「LTE Cat.NB1」）是需要許可的「執照 LPWA」（蜂巢式）。「NB-IoT」跟
「LTE-M」一樣，是適用物聯網的「LTE」無線通訊規格。

「NB-IoT」的 NB 是指「Narrow Band」（狹窄頻寬）。相較於 LTE-M 的頻
寬「最大 1.4MHz（1,400,000Hz）」，NB-IoT 的頻寬大幅縮窄為「180kHz
（180,000Hz）」。由於 NB-IoT 頻寬縮窄，通訊速度比 LTE-M 來得慢。相
較於 LTE-M 的通訊速度「最大 1Mbps」（上行、下行速度），NB-IoT 的通
訊速度大幅降低為「上行：最大 63kbps；下行：最大 27kbps」。刻意降低
NB-IoT 的通訊速度，可徹底縮減功耗，根據運作條件，兩顆 3 號電池的續
航力可達 10 年左右。簡言之，NB-IoT 是 LTE-M 的進階省電版本。

・NB-IoT 的主要規格

下面來看 NB-IoT 的主要規格。

■ NB-IoT 的主要規格

項目	內容
通訊速度	上行：最大 63kbps 下行：最大 27kbps
通訊距離	數 10km 左右
頻段	與 LTE 相同的頻段 （屬於需要許可證的「執照頻段」）
頻寬	180kHz
技術規格	「3GPP」制定的規格
功耗	可用兩顆 3 號電池運作 10 年 （每日傳輸低於 1KB 的情況）

項目	內容
費用	通訊模組：每個數百日圓左右
承載大小	不固定
每日可通訊次數	無限制 ※ 但是，必須遵循「電波產業會」（ARIB）的規定
推廣團體	「3GPP」(3rd Generation Partnership Project) (https://www.3gpp.org)
標準的物聯網平台	無特別規定 SoftBank 等提供自家公司建立的平台。
特殊事項	無線通訊使用「執照頻段」，需要通訊業者提供的「NB-IoT 專用 SIM 卡」。 採用「半雙工傳輸」的通訊方式（無法同時傳送和接收）。 無法「通訊切換」(hand over)。「通訊切換」是指無線基地台的切換，用戶裝置移動跨越多個無線基地台時，就會發生「通訊切換」。

・NB-IoT 的系統構成

「非蜂巢式」（LoRaWAN、Sigfox）和「蜂巢式」（LTE-M、NB-IoT）最大的差異在於「無線基地台」。

「非蜂巢式」需要如 LoRaWAN 增加自家的無線基地台，或者如 Sigfox 由母公司陣營整備無線基地台，估計需要很長的建置時間。換言之，「非蜂巢式」LPWA 的共通弱點是，服務範圍在本書執筆時相當狹隘（限定市中心附近）。

與此相對，「蜂巢式」LPWA 可沿用已經普及的 LTE「無線基地台」，解決無線通訊上最重要的服務區域問題。

下圖是「SoftBank」提供 NB-IoT 服務的系統構成例子。SoftBank 除了 NB-IoT 外，也併用了「未指派 IP 的資料傳輸」的「NIDD」(Non-IP Data Delivery)。

■ NB-IoT 的系統構成

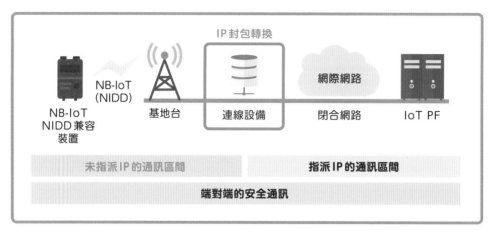

資料來源：https://www.softbank.jp/corp/news/press/sbkk/2018/20180928_01/

若是 SoftBank 的 NB-IoT 服務，可直接運用遍布日本全國的 SoftBank「LTE 網路」（包含無線基地台）。

考量到「非蜂巢式」LPWA 尚未拓展足夠寬廣的服務區域，這個「廣大的服務區域」的優勢極具吸引力。

下面來看 NB-IoT 系統構成的簡易例子，跟「非蜂巢式」（LoRaWAN、Sigfox）不一樣，「蜂巢式」（LTE-M、NB-IoT）的無線通訊使用通訊業者的「執照頻段」，所以需要準備通訊業者提供的「SIM 卡」。

NB-IoT 是通訊業者（SoftBank 等）負責的規格。

可利用已有通訊業者實績和信賴的「執照頻段」（LTE 網路），是 NB-IoT 最大的優勢。

然而，取得「SIM 卡」的門檻較高，需要向通訊業者支付相應的通訊費用。

■ NB-IoT 的系統構成例子

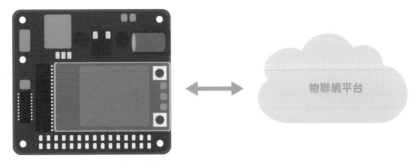

CANDY Pi Lite LTE-M
(Raspberry Pi的通訊模組)

準備適用 Raspberry Pi 的「CANDY Pi Lite LTE-M」。「NB-IoT」無法單靠通訊模組運作，需要插入通訊業者提供的「NB-IoT 用 SIM 卡」。	目前沒有純 NB-IoT 的物聯網平台，SoftBank 等通訊業者有提供支援 NB-IoT 的物聯網平台。

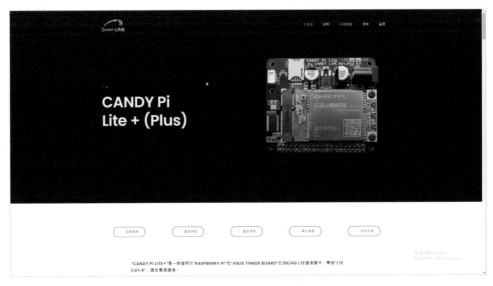

資料來源：https://candy-line.com/portfolio/candy-pi-lite-plus/

・NB-IoT 的頻率運行模式

Nb-IoT 的頻率利用型態（**頻率運行模式**）分為「**頻段內模式**」、「**獨立模式**」、「**保護頻段模式**」三種。

相較於 LTE 的頻寬（20MHz），NB-IoT 的頻寬（180kHz）非常狹窄。於是，為了有效活用有限的頻段，NB-IoT 通訊除了 LTE 頻段外，也會利用「保護頻段模式」（防止電波干擾的緩衝頻段）、「已不再使用的舊有頻段」（例：2G 時代的 GSM 頻段）。

■ NB-IoT 的頻率運行模式

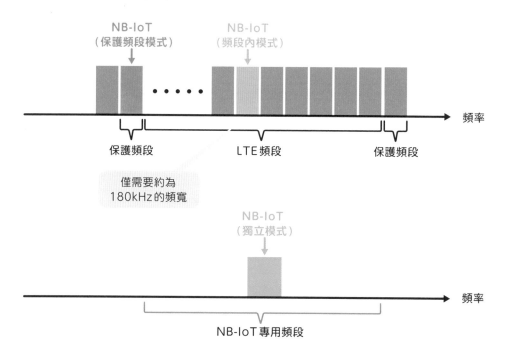

■ NB-IoT 運行模式的細節

模式	細節
頻段內模式 （in-band mode）	利用 LTE 的頻段。
保護頻段模式 （guard-band mode）	利用稱為「保護頻段」（guard-band）的 LTE 間隙頻段。 「保護頻段」是指，為防鄰近頻段的系統彼此干擾而設的未使用頻段（緩衝區域）。

模式	細節
獨立模式 (stand-alone mode)	利用 LTE 以外的獨立（stand-alone）頻段。 例如，「GSM」（2G 時代）過去使用的頻段。

NB-IoT 的「180kHz」頻寬相當於一個「資源區塊」（Resource Block）。「資源區塊」就像是「180kHz」寬度份量的頻率束，是 LTE 處理的頻寬最小單位。LTE 藉由占有多個「資源區塊」實現高速通訊，而 NB-IoT 因不需要高速通訊，僅需要占有一個「資源區塊」。即便使用「保護頻段」、「過去無線通訊占用的舊頻段」，若僅有一個「資源區塊」的頻寬大小，不會碰到無線通訊混雜等問題。

總結

- 「LPWA」是指，實現物聯網「低功耗遠距離通訊」的無線通訊技術總稱，具體例子有「LoRaWAN」、「Sigfox」、「NB-IoT」。

- 「LoRaWAN」是一種使用「LoRa」調變方式的 LPWA，由「LoRa 聯盟」推廣普及。其最大的特徵是，可自由設置「免執照（不需許可證）頻段」的「無線基地台（物聯網閘道器）」。

- 「Sigfox」跟 LoRaWAN 一樣是「免執照 LPWA」，起源於法國 Sigfox 公司，日本由「京瓷通訊系統股份有限公司（KCCS）」獨占部署。

- 「NB-IoT」是需要許可證的「執照 LPWA」（「蜂巢式」），相當於 LTE-M 的進階省電版本。

26 利用省電的藍牙
～克服 BLE 的耗電問題～

藍牙廣泛用於「近距離無線通訊」，經常被拿來與 Wi-Fi 做比較。簡單來說，兩者的性質是「通訊速度快的 Wi-Fi 與節省電力的藍牙」。對嚴格要求低功耗的物聯網裝置來說，藍牙的省電性質非常有幫助。

● 藍牙的概要

「藍牙（Bluetooth）」是一種廣為普及的個人區域網路（PAN：Personal Area Network）。「Bluetooth」（藍色的牙齒）的奇特名稱取自維京人的國王（「藍牙王（Harald Bluetooth）」），正式的規格名稱為「IEEE 802.15.1」。

藍牙可將有線的電子設備轉為無線（wireless）連接。舉例來說，有線滑鼠、鍵盤的傳輸線可能會纏繞成一團，造成不必要的麻煩，但透過藍牙無線連接後，桌面會變得相當整潔。

■ 藍牙的概要

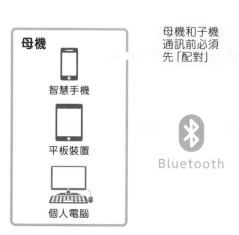

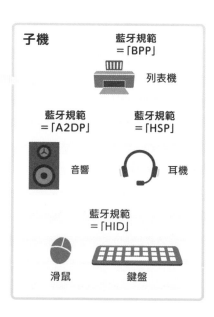

「電子設備」存在許多類型，各種電子設備有不同的藍牙「規範」（profile）。「規範」是無線連接同類型電子設備的協定（約定事項），兩設備（傳送端和接收端）符合相同規範才能以藍牙無線連接。第一次藍牙連接需要先「配對」（paring），以便兩設備彼此辨識連接對象。

・藍牙的級別

藍牙技術存在規定電波強度的「級別」（Class）概念，各個電子設備都有所屬的級別，無線通訊距離愈遠功耗愈高。

■ 藍牙的級別

級別	輸出	通訊距離
Class 1	100mW	100m
Class 2	2.5mW	10m
Class 3	1mW	1m

・藍牙的通訊速度

藍牙的「數據傳輸率」（通訊速度）會因通訊方式而異，基本的通訊方式為「基本傳輸率」（BD：Basic Rate），其他還有更快的「增強傳輸率」（EDR：Enhanced Data Rate）、「高速傳輸率」（HS：High Speed）。

■ 藍牙的通訊速度

通訊方式	數據傳輸率
BR（Basic Rate）	1 Mbps
EDR（Enhanced Data Rate）	3 Mbps
HS（High Speed）	24 Mbps

○ 低功耗藍牙的概要

藍牙的發展歷史悠久（約 20 年），過程中不斷反覆更新升級。

從藍牙 3.0 升級為藍牙 4.0 時新增了重要的功能，舊有的藍牙（3.0 以前的版本）稱為「傳統藍牙」（Bluetooth Classic），而藍牙 4.0 稱為「低功耗藍牙」（BLE：「Bluetooth Low Energy），增加了低功耗的通訊模式。講得極端一點，BLE 就是「藍牙的省電版本」。藍牙的前身是 Nokia 公司開發的 Wibree，但兩者的規格不同。因為這樣的背景，低功耗藍牙有別於「傳統藍牙」的 BR、EDR。

下圖是「傳統藍牙」和「低功耗藍牙」（BLE）的比較。兩者是不同規格的通訊技術，最大的差異在於「連接型態」和「功耗」。

■ 低功耗藍牙的概要

資料來源：https://www.tjsys.co.jp/focuson/clme-bluetooth/bt-difference.htm

低功耗藍牙維持媲美「傳統藍牙」的通訊速度（1Mbps）、通訊距離（100m），並且縮減消耗的電力。低功耗藍牙的物聯網裝置運作多是省電狀態的「睡眠」模式，能夠長期降低功耗。

● iBeacon 的概要

低功耗藍牙由於「同時連接多台裝置」、「低功耗」等特性，可應用於物聯網系統中的「信標」（beacon）。「信標」是傳送設備位置的發射器。例如，Apple 公司的智慧裝置（iPhone、iPad）搭載了低功耗藍牙廣播通訊的「iBeacon」功能，可辨識裝置持有人的位置並對智慧裝置推播。

■ iBeacon 的概要

① 使用者的智慧裝置進入店鋪內信標裝置的通訊範圍。
② 偵測到信標裝置的 ID，啟動應用程式（應用程式僅對特定的 ID 產生反應）。
③ 應用程式取得的信標 ID，經由網路訪問伺服器。
④ 伺服器向應用程式發布該 ID 所設定的相關資訊。

資料來源：https://techweb.rohm.co.jp/iot/knowledge/iot02/s-iot02/04-s-iot02/3896

除了「信標」可辨識智慧裝置持有人的位置，「GPS」（Global Positioning System）也具有類似的功能。然而，後者不適合用於室內，而前者可用於辨識店鋪內的顧客位置。例如，當靠近特定樓層或者商品架，就可對智慧裝置推播，宣傳特價品、發行折價券等，當作市場行銷活動的手段。

✎ 總結

▸ 藍牙可將有線的電子設備轉為無線連接。

▸ 「低功耗藍牙」（BLE）簡言之就是「藍牙的省電版本」。

▸ 低功耗藍牙由於「同時連接多台裝置」、「低功耗」等特性，可應用於物聯網系統中的「信標」（beacon）。

27 物聯網的互相通訊
～輕量級協定 MQTT 與 WebSocket ～

由於 LPWA 的頻寬狹窄，需要盡可能縮減網路線路上傳輸的資料。若以「聚沙成塔」比喻大量物聯網裝置的通訊，那麼「沙子轉眼間就變成巨塔」。

◉ MQTT 的概要

物聯網資料通訊的輕量級協定，可舉「訊息佇列遙測傳輸」（Message Queuing Telemetry Transport），該協定一般會簡稱為「**MQTT**」。

在過往的一般資訊系統，通訊協定大多採用「**HTTP**」（Hypertext Transfer Protocol），或者其強化版「**HTTPS**」（Hypertext Transfer Protocol Secure）。然而，物聯網系統是以低規格硬體的裝置進行大量通訊，「HTTP」（「HTTPS」）協定的處理負載對其來說過於沉重，於是催生減輕處理負載的「MQTT」協定。換言之，「MQTT」是「HTTP」（「HTTPS」）的輕量版本。

■ OSI 參考協定與物聯網協定的對應

OSI 參考模型	物聯網協定	
第7層　應用層	HTTP (HTTPS)	MQTT
第6層　展示層		
第5層　會議層		
第4層　傳輸層	TCP (UDP)	
第3層　網路層	IP	
第2層　資料連結層	有線 LAN (Ethernet) 無線 LAN (Wi-Fi)	
第1層　實體層		

「OSI 參考模型」的細節會在 **Sec.43** 詳述，本節請先理解「HTTP（HTTPS）」和「MQTT」的並列關係，通訊協定可從「HTTP（HTTPS）」切換為「MQTT」。

·MQTT 的構成要素

「MQTT」的構成要素可粗略分成「**Publisher**」（發布者）、「**Subscriber**」（訂閱者）、「**Broker**」（處理伺服器）。

像這樣區分「Publisher」（發布者）、「Subscriber」（訂閱者）的機制，稱為「Pub/Sub 模式（發布 / 訂閱模式）」。

■ MQTT 的概要

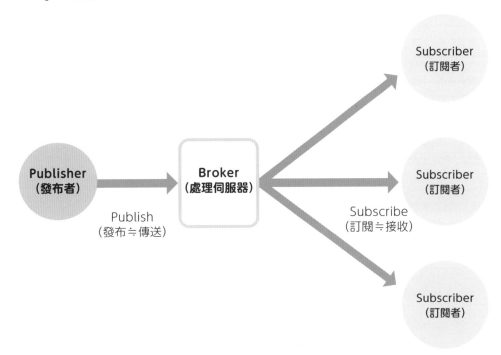

MQTT 刻意採用「Pub/Sub 模式」，以便實現「非同步通訊」。過往的「C/S 模式（用戶 / 伺服器模式：Client-server model）」是雙向的「同步通訊」，存在同步「用戶」和「伺服器」的處理負載。「Pub/Sub 模式」的「非同步通訊」省略了該處理負載，「Publisher」（發布者）專注於傳送訊息，而「Subscriber」（訂閱者）可選擇欲接收的訊息。

・MQTT 的「主題」

「MQTT」的 M 是「Message」的簡稱，經由「MQTT」傳輸的資料稱為「訊息」。「訊息」是由名為「**主題（Topic）**」的階層結構來管理，透過「主題」可指定「想要傳送（想要接收）的訊息」。

■ MQTT 的主題

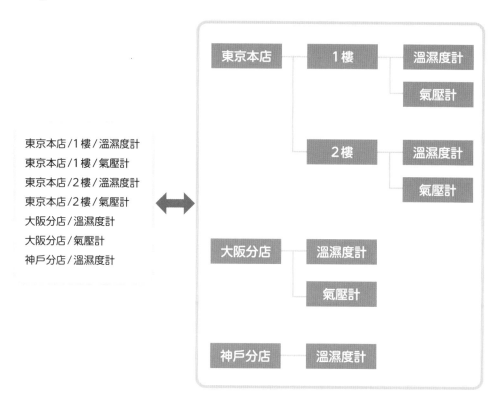

東京本店 /1 樓 / 溫濕度計
東京本店 /1 樓 / 氣壓計
東京本店 /2 樓 / 溫濕度計
東京本店 /2 樓 / 氣壓計
大阪分店 / 溫濕度計
大阪分店 / 氣壓計
神戶分店 / 溫濕度計

以上圖的「主題」為例，若「Subscriber」（訂閱者）想要接收「東京本店 2 樓的氣壓計」的資料，就指定「東京本店 /2 樓 / 氣壓計」的主題，對「Broker」（處理伺服器）請求傳送資料。主題可以使用通用字元（如 +、#）。

・指定「東京本店 /#」，則顯示「有關東京本店的所有資料」。

・指定「東京本店 /+/ 氣壓計」，則顯示「東京本店氣壓計的所有資料」。

◉ WebSocket 的概要

除了「MQTT」外,物聯網相關的通訊協定還有「**WebSocket**」。「MQTT」和「WebSocket」預設的用戶對象不一樣,「MQTT」的用戶端(Publisher 或者 Subscriber)是設想「物聯網裝置」,而「WebSocket」的用戶端是設想「網頁瀏覽器」。

■ HTTP 與 WebSocket 的差異

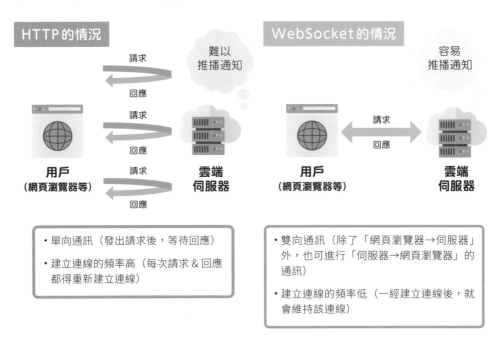

過往常用的「HTTP」具有不適合「**推播通知**」的弱點。「推播通知」是指,「雲端伺服器端向用戶端發布(推播)資訊」。「HTTP」因為不適合「推播通知」,需要用戶端明確送出請求,雲端伺服器端才能夠發布訊息,亦即「只要用戶端沒有任何動作,雲端伺服器端就什麼也做不了」。

除了「缺乏主動性(積極性)」外,「HTTP」每次收到請求都得重新建立連線,建立連線的處理負載通常比較沉重。而「WebSocket」就是克服「HTTP」弱點所開發出來的通訊協定。

透過「不需重新建立連線的雙向通訊」,「Websocket」能夠支援「推播通知」。

為了建立 Websocket 的連線,用戶端起初需要發送「交握請求(Handshake Request)」,等待雲端伺服器端返回「交握回應(Handshake Response)」。

■ WebSocket 的請求與回應

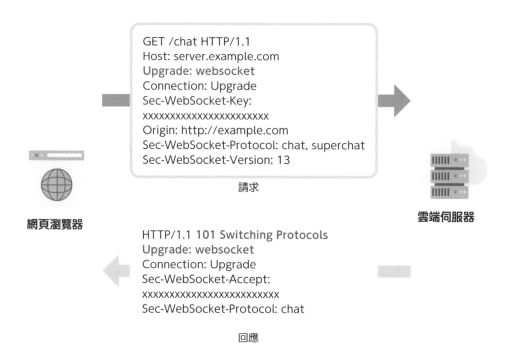

雲端伺服器端確認「交握請求」後,決定進行 WebSocket 通訊,並向用戶端傳達「交握回應」。建立「交握」後,兩者會持續 WebSocket 通訊。

WebSocket 也能夠與 MQTT 併用,「AWS IoT Core」等伺服器服務提供了「MQTT over WebSocket」的通訊手段,以便因應「想要在網頁瀏覽器上採用 MQTT」的需求。

● 輕量型協定的優勢

跟 WebSocket 一樣，MQTT 也採用「雙向通訊」機制（Pub/Sub 模式），不需要重新建立連線，相對可減輕處理負擔。除了「雙向通訊」外，「標頭長度（標頭〔header〕部分的數據長度）短」也是 MQTT 輕量的理由之一。在傳輸通訊中，資料的基本單位是「封包」（packet），「packet」是「小包裹」的意思。傳輸資料時會先將大資料分裝成「小包裹」，再拆成數次來傳送。「封包」的構成要素可粗略分為數據本體的「**承載資料**」（payload）和附加資訊的「**標頭**」（header）。如同「小包裹」貼上標籤，在傳輸資料的時候，需要描述「承載資料」相關訊息的「標頭」，「HTTP（HTTPS）」封包和「MQTT」封包的「承載資料」都要附加「標頭」。然而，相較於 HTTP（HTTPS）封包的標頭，MQTT 封包的標頭長度比較短。

■ 輕量型協定的優勢

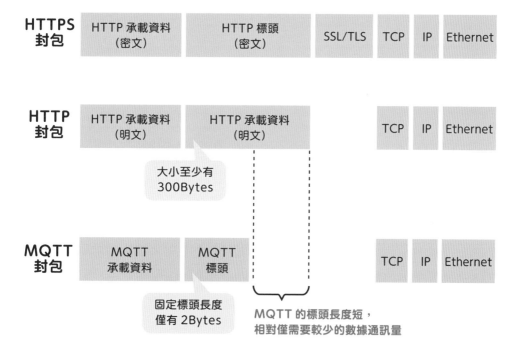

進行「HTTP（HTTPS）」通訊的時候，標頭部分最少需要傳送約 300Bytes 的長度，造成通訊量增加。與此相對，即便頻繁進行「MQTT」通訊，標頭部分的資料長度僅需要 2Bytes，故可縮減通訊量。

MQTT 標頭不強求一定要有「可變標頭」（variable header）。換言之，僅「固定標頭」的話，標頭長度「2Bytes」（相當於 2 個英數字）就足夠。

接著來看「HTTP 標頭」和「MQTT 標頭」的比較。

■ HTTP 標頭與 MQTT 標頭的比較

HTTP標頭的例子

```
GET / HTTP/1.1
Accept: image/gif, image/jpeg, */*
Accept-Language: ja
Accept-Encoding: gzip, deflate
User-Agent: Mozilla/4.0 (Compatible; MSIE 6.0; Windows NT 5.1;)
Host: www.xxx.com
Connection: Keep-Alive
```

MQTT標頭的例子

固定標頭 （最少2Bytes）			可變標頭 （0Bytes～可變長度）	
封包類型 （4bit）	旗標 （4bit）	剩餘的資料長度 （1～4Bytes）	封包識別碼	各封包類型 的資訊

「標頭」比「承載資料」更容易被忽視，相較於 MQTT 最大訊息長度的 256MBytes，「標頭」的長度幾乎可視為誤差範圍。

然而，物聯網裝置實際處理的「感測器量測值」，大部分「承載資料」的長度相當短小（約數 10Bytes）。

對「短小（約數 10Bytes）」的數據本體，如 HTTP（HTTPS）附加「數 100Bytes」的資訊，整體明顯不平衡吧。顧及上述情況，MQTT 是適用「大量射擊豆粒」的物聯網通訊協定。

💬 **COLUMN** 何謂「大數據」？

說到物聯網就不得不提「大數據」，兩者具有密切的關係。物聯網的終極目的最後會聚焦於蒐集大數據，找出其中潛藏的規則性。

「大數據」（big data）顧名思義是指「巨大的數據」。在前面的講解，以「聚沙成塔」比喻物聯網的微量數據膨脹累積的情況。單看搭載於物聯網裝置的感測器，其量測結果相當微量。然而，世間部署了龐大數量的物聯網裝置，再加上感測器量測的次數（頻率）也多，上傳網際網路（雲端）的數據會如滾雪球般愈來愈大。

獲得龐大數量的數據後，「統計分析」能夠充分發揮威力。母體的數據量增加，不但可提高分析結果的準確率，還能夠發現數據量少時未能看出的規則性。潛藏於大數據背後的規則性，有機會變成商務上的金雞母。

✏️ **總結**

▫ 「MQTT」是「HTTP（HTTPS）」的輕量版本，採用「Pub/Sub 模式」的通訊架構。

▫ 透過「不需重新建立連線的雙向通訊」，「Websocket」能夠支援「推播通知」。

▫ 「標頭長度短」是「MQTT」輕量的理由之一。

28 加密與認證技術
～防範竄改、身分竊盜、攔截的對策～

就資訊安全而言，「加密」、「認證」是最基本的對策。然而，這些對策需要累績相應的知識，起初容易感到一個頭兩個大，難以理解出現兩種密鑰的「公有金鑰加密」。

◉ 網路攻擊的類型

如石川五右衛門所言「縱使海濱沙粒全數消失，竊盜手法也不會有窮盡的一天（浜の真砂は尽きるとも、世に盗人の種は尽きまじ）」，世上永遠都會存在網路攻擊。

進行網路攻擊的「惡意第三者」稱為「黑客」（cracker），雖然「駭客」（hacker）的說法更廣為人知，但「hacker」原本是指「IT熟練者」的中立用語，「黑客」才是符合認知的「作惡的IT熟練者」。

黑客施加的網路攻擊千變萬化，代表例子有「**竄改**」、「**身分竊盜**」、「**攔截**」。

■ 網路攻擊的代表例子

類型	內容
竄改	非法改寫資料。
身分竊盜	非法登入系統，偽裝成正規的使用者。
攔截	未經允許閱覽通訊線路中的傳輸資料。

接著整理網路攻擊的類型。黑客的詭計多端、防不勝防，網路攻擊有如「打地鼠遊戲」，新興手法層出不窮，其類型可粗略分為「**黑客攻擊**」、「**惡意軟體**」、「**網站攻擊**」。

「惡意軟體」（malware）是「malicious software」（帶有惡意的軟體）的簡稱。

■ 網路攻擊的類型與細節

類型	名稱	內容
黑客 (cracker) 攻擊	蠻力攻擊 (brute force attack)	簡言之就是「暴力破解」，又可稱為「窮舉攻擊」，如「逐一嘗試所有可聯想的密碼，企圖非法登入」的網路攻擊。
	緩衝區溢位攻擊 (buffer overflow attack)	「緩衝區溢位」（buffer overflow）是指，資料超出程式確保的記憶體空間（緩衝區），又可稱為「緩衝超限」（buffer overrun）。發生此情況時，可能會遭到黑客執行非法程式，奪取劫持電腦。
	DoS 攻擊 (Denial of Service attack)	「DoS」（Denial of Service）意味「阻斷服務」，如強硬向網路服務發送大量請求、巨量的資料，造成服務癱瘓。
	零日攻擊 (zero-day attack)	在「提供漏洞修正程式的日子」（one day）前的「zero day」，針對該漏洞的網路攻擊。在「one day」到來之前，處於完全無防備的狀態。
惡意 軟體 (malware)	病毒軟體 (computer virus)	擁有「自我複製能力」與「向其他系統擴散（感染）能力」的「惡意軟體」。
	蠕蟲軟體 (worm)	幾乎等同於「病毒軟體」，僅差在「不需要當作宿主的檔案」。
	勒索軟體 (ransom ware)	「ransom」是「贖金」的意思。擅自限制利用系統（加密資料等），威脅：「想要解除限制的話，就交付贖金」。
	間諜軟體 (spy ware)	如「間諜」（spy）字面上的意思，從電腦竊取資訊。
	木馬軟體 (Trojan horse)	偽裝成無害的程式，暗中進行網路攻擊。
	殭屍軟體 (bot)	「網路機器人」（robot）的簡稱。遭到黑客奪取劫持，淪陷成網路攻擊的中繼跳板「殭屍電腦」（zombie computer）。
網站 攻擊	SQL 注入攻擊 (SQL injection)	針對網站的漏洞，執行預料外的 SQL 指令非法操作資料庫。
	跨網站腳本攻擊 (cross-site scripting)	「cross-site」是「橫跨網站」的意思。將帶有漏洞的網站當作跳板，執行惡意腳本（小規模程式），又可記為「XSS」。
	偷渡式下載攻擊 (Drive-by download attack)	針對網站的漏洞，暗中讓使用者下載「惡意軟體」。

■ 網路攻擊的類型

雖然網路攻擊看起來五花八門，但歸納整理會發現，都是「劫持他人的電腦為非作歹」。

不過，壞人真的是道高一尺、魔高一丈……為何不把才能發揮在好的地方呢？

加密技術的概要

在網路攻擊的對策中，「**加密技術**」能夠有效防範「竄改」、「身分竊盜」、「攔截」。「加密」方式可粗略分為「**共用金鑰加密**」（common key cryptography）和「**公有金鑰加密**」（public key cryptography）。

■ 資安對策的例子

對策	內容
「竄改」對策	「加密」明文資料，阻止黑客非法閱覽（編輯）資料。
「身分竊盜」對策	藉由「電子簽章」、「電子憑證」，阻止黑客假冒身分。
「攔截」對策	採用加密技術的「SSL 加密通訊」，阻止通訊線路中的傳輸資料遭到攔截。

•「共用金鑰加密」與「公有金鑰加密」

「**加密**」（encrypt）是可有效防範「竄改」的對策。只要將明文資料「加密」，就可阻止黑客非法閱覽（編輯）資料。

已「加密」的資料得先「**解密**」（decrypt）才能夠閱覽（編輯），無法「解密」的「加密」資料等同於遭到破壞，「加密」和「解密」能夠同時做到才有意義。

「加密」、「解密」需要用到的「**金鑰**」，分為用來加密的「**加密金鑰**」和用來解密的「**解密金鑰**」兩種。就「金鑰」的觀點來看，「加密」方式可粗略分為「**共用金鑰加密**」和「**公有金鑰加密**」。

•「共用金鑰加密」的概要

「共用金鑰加密」又可稱為「**私密金鑰加密**」，「加密金鑰」和「解密金鑰」彼此「共用」（相同），必須將金鑰保守為「秘密」。若是公開（洩漏）「金鑰」，已加密的資料恐怕會遭到非法解密。

接著來看以「共用金鑰加密」傳送機密資料的例子。順便一提，在討論資訊安全的時候，經常會看到 Alice 和 Bando 兩個人名。僅以單一字母表示人名（A 和 B）時，文字敘述上難以清楚區別，所以本書會以「Alice」和「Bando」來說明。

發送者 Alice 持有「加密金鑰」、接收者 Bando 持有「解密金鑰」，由於是「共用金鑰加密」（私密金鑰加密），所以「加密金鑰」和「解密金鑰」彼此相同，發送者 Alice 和接收者 Bando 兩人都得將「金鑰」保守為「秘密」。

採用「共用金鑰加密」的方式時，如何交付「私密金鑰」是重要關鍵。就結論而言，筆者也不曉得如何交付才是最佳做法，實體交付有可能比起數位交付更安全。

利用 IT 的數位交付方法，可能會遭到 IT 熟練者的黑客破解。講得極端一點，「紙筆傳達」、「口頭傳達」等原始做法，可能比較安全（妥當）也說不定。然而，該方法仍舊存在被盜取、被攔截的風險……。

■ 共用金鑰加密

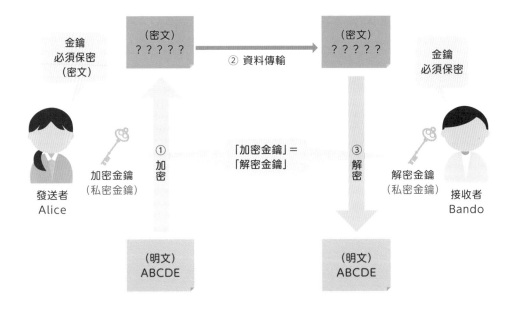

■ 共用金鑰加密的步驟

步驟	內容
步驟①	發送者 Alice 使用「加密金鑰」加密明文資料。
步驟②	發送者 Alice 將已加密的資料傳給接收者 Bando。
步驟③	接收受者 Bando 使用「解密金鑰」（＝「加密金鑰」）解密密文資料。

•「公有金鑰加密」的概要

「公有金鑰加密」採用「公鑰基礎建設」（PKI：Public Key Infrastructure）的架構，PKI 的常見例子有「X.509」規格。採用「公有金鑰加密」的方式時，「加密金鑰」和「解密金鑰」不同，前者對外「公開」，而後者保守為「秘密」。

接著來看以「公有金鑰加密」進行**資料的加密通訊**的例子，此時「加密金鑰」對外「公開」，而「解密金鑰」保守為「秘密」。若「解密金鑰」對外「公開」，任誰都能夠解密已加密資料。

■ 公有金鑰加密（資料的加密通訊）

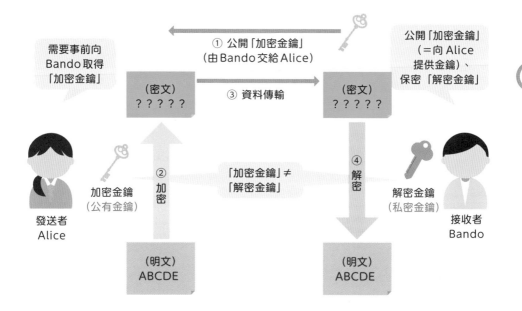

■ 公有金鑰加密的步驟

步驟	內容
步驟①	接收者 Bando 將「加密金鑰」對外「公開」，把金鑰交給發送者 Alice。由於「加密金鑰」對外「公開」，發送者 Alice 以外的第三者也能夠取得。
步驟②	發送者 Alice 使用「加密金鑰」（公有金鑰）加密明文資料。
步驟③	發送者 Alice 將已加密資料傳給接收者 Bando。
步驟④	接收者 Bando 使用「解密金鑰」（私密金鑰）解密密文資料。

・「電子簽章」

「電子簽章」（digital signature）顧名思義就是「電子的簽名」，也可稱為「數位簽章」。「簽章」的前提條件是，擔保「親自簽署」的事實（真實性）。

進行「電子簽章」的時候，得將「簽章金鑰」（signature key）保守為「秘密」、「驗證金鑰」（verification key）對外「公開」。「電子簽章」的重點在於，「可簽署的人僅持有秘密簽署金鑰的發送者 Alice 一人」的事實。

169

■ 電子簽章

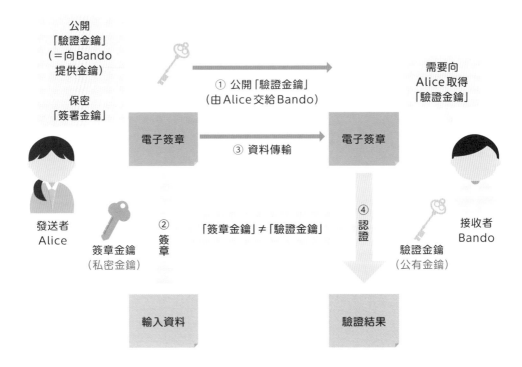

■ 電子簽章的步驟

步驟	內容
步驟①	發送者 Alice 將「驗證金鑰」對外「公開」，把金鑰交給接收者 Bando。由於「驗證金鑰」對外「公開」，接收者 Bando 以外的第三者也可能取得。
步驟②	發送者 Alice 使用「簽章金鑰」（私密金鑰）進行簽署。
步驟③	發送者 Alice 將電子簽章傳給接收者 Bando。
步驟④	接收者 Bando 使用「驗證金鑰」（公有金鑰）進行認證。

上表「步驟④」的驗證作業是命運分歧點。若「電子簽章」驗證成功且確保公開「驗證金鑰」的人物是「發送者 Alice」，就可擔保該「電子簽章」是「由發送者 Alice 親自簽署」的真實性。

• 「電子憑證」

「電子憑證」（digital certificate）是「電子簽章」的應用技術，也可稱為

「數位憑證」。對記載欲證明資訊的憑證，由「**認證機構**」（CA：Certificate Authority）核發「電子簽章」。

「認證機構」是「可信賴的第三方」，一般是由具備相應公信力的政府機關、大型 IT 企業擔任。

「**SSL 伺服器憑證**」即為「電子憑證」的一種，「SSL」（Secure Sockets Layer）是提供資訊安全的通訊協定。

嚴格來說，現在是使用「SSL」的後繼規格「TLS」（Transport Layer Security），但「SSL」已有相當高的知名度，「TLS」方便上也會稱為「SSL」，或者合併記為「SSL/TLS」。

「SSL 伺服器憑證」的目的包括「伺服器的安全性證明」和「SSL 加密通訊」。「伺服器的安全性證明」是指，由「認證機構」背書「伺服器的安全性」，以防被使用者誤認為是「詐騙網站」。

關於「SSL 伺服器憑證」的內容，可粗略分為「認證者的資訊」、「認證對象的資訊」、「憑證的有效期限」、「公有金鑰」、「認證機構的電子簽章」。

■「SSL 伺服器憑證」的內容

項目	內容
認證者的資訊 （Issuer）	記載認證者（Issuer）的「識別名稱」（DN：Distinguished Name），如組織名稱、所在地等資訊。
認證對象的資訊 （Subject）	記載認證對象（Subject）的「識別名稱」。認證對象是指，欲證明安全性的雲端伺服器。
憑證的有效期限 （Validity）	超過有效期限的認證失去效力。
公有金鑰	採用 SSL 加密通訊流程，具體步驟請見後面詳述。
認證機構的電子簽章	用來確認網站的安全性。由具有公信力的認證機構電子簽發憑證，擔保該網站確實存在。

「認證機構（CA）」對雲端伺服器的「SSL 伺服器憑證」賦予「電子簽章」，即可實現「伺服器的安全性證明」和「SSL 加密通訊」。

■「SSL 伺服器憑證」與認證機構（CA）

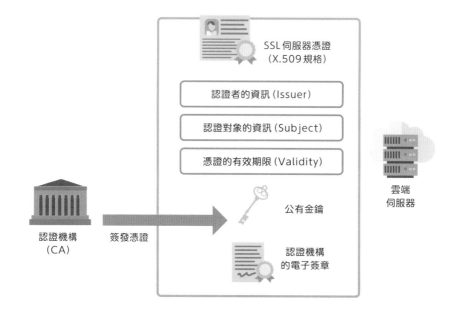

下面示範如何檢視「技術評論社」網站的「SSL 伺服器憑證」。在常見的網頁瀏覽器，點擊網址列欄位中的「金鑰圖示」，就可檢視「SSL 伺服器憑證」的內容。

■ 技術評論社的 SSL 伺服器憑證

・「電子簽章」與「電子憑證」的運用例子

接著討論「電子簽章」和「電子憑證」的運用例子。雖然步驟看起來複雜，但最終目的皆是「接收者 Bando 可確認發送者是 Alice『本人』」。

■ 電子簽章與電子憑證

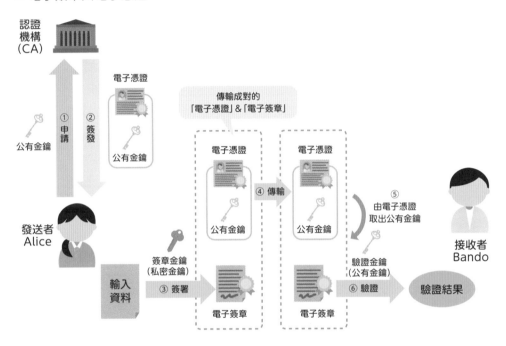

■ 電子簽章與電子憑證的步驟

步驟	內容
步驟①	發送者 Alice 向「認證機構」申請「公有金鑰」（驗證金鑰）。
步驟②	「認證機構」向發送者簽發「電子憑證」（含公有金鑰）。
步驟③	發送者 Alice 以「簽章金鑰」（私密金鑰）作成「電子簽章」。
步驟④	發送者 Alice 向接收者傳輸下述成對的資料： ・「電子憑證」（含公有金鑰） ・「電子簽章」
步驟⑤	接收者 Bando 取出「電子憑證」中的「公有金鑰」（驗證金鑰）。
步驟⑥	接收者 Bando 以「驗證金鑰」驗證「電子簽章」。

・SSL 伺服器憑證與認證機構（CA）

在上述「步驟 6」成功驗證電子簽章後，可背書下述事項：

- 由電子簽章可知，資料的發送者是「發送者 Alice」本人。

- 由電子憑證可知，「認證機構」已經確認「發送者 Alice」的「真實性」。

・SSL 加密通訊

使用含有「公有金鑰」的「SSL 伺服器憑證」，可進行「**SSL 加密通訊**」。「SSL 加密通訊」能夠提供安全的資料通訊，廣泛用於各種場景，如在網路電商傳送信用卡號。「SSL 加密通訊」拆成兩階段（「事前準備」和「正式使用」）施行，會先在「事前準備」階段產生「公有金鑰」，再於「正式使用」階段以「共用金鑰」，當作發送者的加密金鑰和接收者的解密金鑰（私密金鑰）。

■ SSL 加密通訊（事前準備）

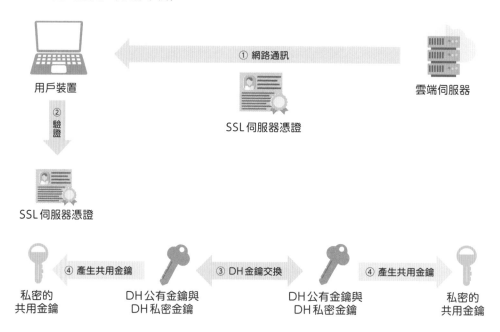

■ 背書發送者的真實性

步驟	內容
步驟①	雲端伺服器向用戶裝置傳送「SSL 伺服器憑證」。
步驟②	用戶裝置驗證「SSL 伺服器憑證」。
步驟③	透過「DH（Diffie-Hellman）金鑰交換」，在用戶裝置與雲端伺服器間交換 DH 金鑰。
步驟④	用戶裝置和雲端伺服器利用 DH 公有金鑰、DH 私密金鑰，產生私密的「共用金鑰」。

理所當然地，若在「正式使用」階段直接以明文交付「共用金鑰」，萬一「共用金鑰」遭到攔截，任誰都可解密資料。因此，需要驗證「SSL 伺服器憑證」，確認雲端伺服器的合法性後，再利用「DH 金鑰交換」的機制產生「私密的共用金鑰」。

在「正式」階段會將「準備」階段所產生的「共用金鑰」（私密金鑰），用於資料的加密與解密兩方面。

■ SSL 加密通訊（正式階段）

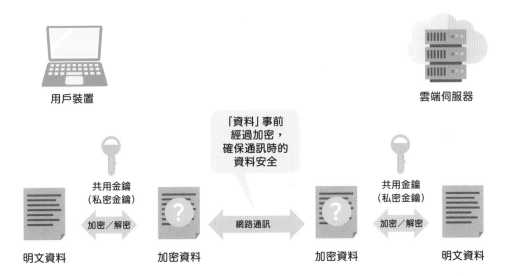

用戶裝置

雲端伺服器

「資料」事前經過加密，確保通訊時的資料安全

共用金鑰（私密金鑰）

加密／解密

明文資料

加密資料

網路通訊

加密資料

共用金鑰（私密金鑰）

加密／解密

明文資料

為何需要經過額外步驟產生「共用金鑰」（私密金鑰）呢？因為「共用金鑰加密」是比較簡單、處理負載較低的加密機制。若每次雲端伺服器和用戶裝置進行通訊，都採用處理負載高的「公有金鑰加密」過於缺乏效率。為了起初就安全地產生「共用金鑰」（私密金鑰），只好採用比較麻煩的方法。

◯ 認證技術的概要

為了防範黑客非法存取，正規使用者需要進行「認證」，亦即確保「嘗試訪問的人是正規使用者」的機制。

關於「認證技術」的類型，可粗略分為「知識認證」、「物件認證」、「生物（資訊）認證」。

■ 認證技術的類型

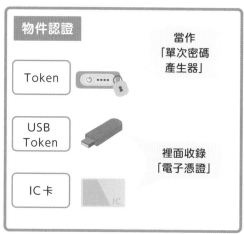

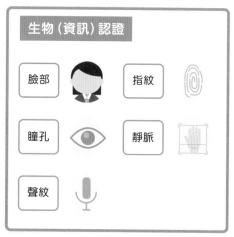

為了強化認證安全性，結合「知識認證」、「物件認證」、「生物（資訊）認證」其中兩種的方式稱為「雙因子認證」，結合三種方式的方式稱為「多因子認證」。

例如，結合「知識認證」和「物件認證」後，即便密碼外洩、「知識認證」遭到破解，也可經由「物件認證」防範非法存取。容易與「雙因子認證」混淆的「雙重認證（兩步驟驗證）」，是指「認證程序分為兩個階段的認證」的用語，但「雙因子認證 ≠ 雙重認證」。例如，「輸入密碼後，又詢問『私密問題』」等認證程序，僅是重複兩次「知識認證」的「雙重認證」，但並非「雙因子認證」。

■ 認證技術的類型細節

認證類型	內容
知識認證	以正規使用者才知道的「知識」進行認證。「密碼」（password）最具代表性，具有壓倒性的市占率。「私密問題」是指，詢問僅本人才有辦法回答的問題，如「母親的舊姓？」等。「知識」存在外洩的風險，如透過「鍵盤側錄程式」（key logger）窺看密碼等。
物件認證	以正規使用者才持有的「物件」進行認證。「物件」存在遺失、遭竊的風險。
生物（資訊）認證	以正規使用者的「生物資訊」（biometrics）進行認證。沒有「密碼」外洩、「物件」遺失遭竊的風險，但需要克服利用自身「生物資訊」的生理排斥感、生物認證的錯誤辨識等課題。

✏️ **總結**

▹ 關於黑客進行的網路攻擊，代表例子有「竄改」、「身分竊盜」、「攔截」。

▹ 資訊安全對策的例子，可舉「加密」、「電子簽章」、「電子憑證」。「加密」方式可粗略分為「共用金鑰加密」和「公有金鑰加密」。

▹ 認證技術可粗略分為「知識認證」、「物件認證」、「生物（資訊）認證」。

「大數據」的意義

在 p.163 提到大數據有機會成為商務上的金雞母,其意義(運用方式和效果)如下所示:

· **排除黑箱特性**

在解析大數據的時候,重要的目標是排除「黑箱(意義不明)」的狀態。

企業商務活動所產生的資訊量過多,多到人類無法處理(辨識),導致企業鮮少能夠有效運用,無法處理的資料保持黑箱狀態。最好的辦法是,交由人工智慧解析人類處理不來的大數據。

· **發現規則性**

在解析大數據時借用人工智慧的力量,有可能發現人類未注意到的規則性。

例如,統計分析偵測機器設備運作聲響、振動的感測器量測結果,有可能發現故障前兆的異常特徵(異常聲響、劇烈振動等)。若能夠預防故障、適時維護,可為企業和顧客雙方帶來好處(降低成本、節省時間、提高顧客滿意度)。或者,若能夠掌握規則性,準確預測未來的趨勢,有可能掌握全球的流行趨勢,大幅創造銷售機會(獲得先進者利益)。

· **回顧檢討**

除了預測未來外,人工智慧也可用於檢討過去。

按照時序分析過往無端捨棄的大數據,能夠整理以前的問題點加以改善。例如,分析消費者的購買活動紀錄,可最佳化管理庫存量(防止過量進貨),或者提升產品、服務的附加價值(建立與其他公司的差異化)。

· **活用公開資料**

無法僅靠自家公司大量蒐集數據時,不妨選擇運用公開資料(Open Data)。政府機關等大型組織蒐集的大數據,一般都會對外公開,如日本「政府資訊長入口網」的「公開資料 100」網站(https://cio.go.jp/opendata100)。

第 **4** 章

物聯網資料的
處理與運用

本章將討論的「大數據」，可說是建構物聯網系統的目的。數據堪稱物聯網的重要關鍵，在雲端上累積裝置所蒐集的細瑣數據後，會如「聚沙成塔」般集結成「大數據」。雖然大數據本身沒有價值，但透過人工智慧（AI）統計分析，所獲得的「規則性」正是物聯網的價值所在。

29 結構化資料與非結構化資料
～有助於分析的 XML 資料與 JSON 資料～

處理數據時需要注意「資料結構」。在物聯網的時代,除了結構明確的資料外,也需要處理結構不明確的資料。

● 結構化資料與非結構化資料

包含物聯網在內的 IT 資料,可粗略分成「**結構化資料**」(structured data)和「**非結構化資料**」(unstructured data)。「非結構化資料」是指結構化資料以外的資料,區別關鍵在於「資料是否經過結構化」。

■ 結構化資料與非結構化資料

結構化資料

職員ID	姓名	部門
00001	坂東大輔	開發部
00002	A田B作	營業部
00003	α原β太郎	總務部
・・・	・・・	・・・
・・・	・・・	・・・

CSV 檔案	MS Excel 檔案	RDBMS (關聯式資料庫管理系統)

非結構化資料

文件　　感測器數據

影片　　圖像　　聲音

＋

元資料
(描述資料細節的資訊)

・「結構化資料」與「非結構化資料」

「結構化資料」的結構意指「關聯式模型」（relational model）。「關聯式模型」是一種以數學（集合論和述詞邏輯）定義的資料庫型態，亦即「在如同試算表的方格（行 × 列）收納資料的結構」，可簡單想成「結構化資料＝表格形式」。

與此相對，「非結構化資料」是指「所有不是結構化資料的資料」。因此，「非結構化資料」的涵蓋範圍廣泛，網路上公開的資料大多都是「非結構化資料」。

・元資料

「非結構化資料」中會附加「**元資料**」（meta data），這是用來描述資料細節的補充資訊。電腦難以處理原始（二進制）的「非結構化資料」，附加作為參考資訊的「元資料」，可讓資料變得容易處理。例如，在搜尋影片的時候，影片的「元資料」（有關影片的關鍵字）可當作搜尋處理的線索。其他例子還有檔案右鍵選單中的「屬性資訊」，如數位相機的圖像檔案（JPEG格式等）的屬性資訊，通常附有圖像解析度、相機的光圈數值（F 值）、快門速度、ISO 感光度、拍攝場所（與 GPS 聯動）等補充資訊。

・XML 與 JSON

在物聯網中，通常是處理「非結構化資料」。物聯網處理的「大數據」主要是「感測器蒐集而來的數據」，但該數據不具備「關聯式模型」的結構，屬於「非結構化資料」。「非結構化資料」、該資料所附加的「元資料」，其描述格式包括「**XML**」和「**JSON**」等。「XML」和「JSON」是「具有某種程度規則性的非結構化資料」，又被稱為「半結構化資料」（semi-structured data）。

◯ XML 的概要

「XML」（Extensible Markup Language）是「全球資訊網協會」（W3C：World Wide Web Consortium）倡議的資料格式。

XML 是一種「標記語言」（markup language），以「標籤」（tag）包圍元素來描述資料結構。「標記語言」除了 XML 外，「HTML」（Hyper Text Markup Language）也相當有名。HTML 廣泛用於網頁的描述語言，相較於 HTML 標籤專門用於記述網頁，XML 的標籤可根據用途自由定義。

・XML 的記述範例

XML 文件是文字格式的「半結構化資料」，可用「半結構化資料」的 XML 記述「結構化資料」（表格形式）。

下面示範以 XML 描述「結構化資料」的「職員清單」。

■ 職員清單

職員 ID	姓名	部門
00001	坂東大輔	開發部
00002	A 田 B 作	營業部
00003	α 原 β 太郎	總務部

假定以表格形式管理職員的「職員 ID」、「姓名」、「部門」，嘗試使用 XML 記述「職員清單」。

在以 XML 描述「結構化資料」的結構時，需要定義「Employee（職員）」、「EmployeeID（職員 ID）」、「Name（姓名）」、「Department（部門）」等 XML 標籤。

「EmployeeID（職員 ID）」、「Name（姓名）」、「Department（部門）」是「Employee（職員）」底下的下位元素，具有「職員包含職員 ID、姓名、部門的資訊」的關聯性。

我們可如下以 XML 描述「元素間具有親子關係」的結構。

在 XML 的描述中，會使用 <EmployeeID>、<Name>、<Department> 等標籤包圍「子元素」，再以「父元素」的 <Employee> 標籤包圍下位元素。

■ XML 的概要

```
<?xml version="1.0" encoding="Shift_JIS"?>
<root>
        <Employee>
                <EmployeeID>00001</EmployeeID>
                <Name>坂東大輔</Name>
                <Department>開發部</Department>
        </Employee>
        <Employee>
                <EmployeeID>00002</EmployeeID>
                <Name>A田B作</Name>
                <Department>營業部</Department>
        </Employee>
        <Employee>
                <EmployeeID>00003</EmployeeID>
                <Name>α原β太郎</Name>
                <Department>總務部</Department>
        </Employee>

                     ：
                     ：
                     ：

</root>
```

XML 標籤是根據「DTD」（文件類型定義：Document Type Definition）來定義。

以 DTD 描述「職員清單」XML 的具體例子，如下所示：

■ DTD 的概要

```
<!DOCTYPE root[
        <!ELEMENT root (Employee+))>
        <!ELEMENT Employee (EmployeeID, Name, Department)>
        <!ELEMENT EmployeeID (#PCDATA)>
        <!ELEMENT Name (#PCDATA)>
        <!ELEMENT Department (#PCDATA)>
]>
```

DTD 可直接在 XML 檔案內描述，或者另外記述成其他檔案。

「**JSON**」（JavaScript Object Notation）是根據「RFC 8259」格式化的檔案格式，原本是 JavaScript 描述 Object 內容的語法。雖然名稱中含有「JavaScript」，但不僅限於 JavaScript，廣泛用於主要程式語言（Java、PHP、Ruby、Python 等）的資料交換。

・**JSON 的記述範例**

JSON 文件是文字格式的「半結構化資料」。跟 XML 一樣，可用「半結構化資料」的 JSON 記述「結構化資料」（表格形式）。

下面示範以 JSON 描述「XML 的記述範例」的「職員清單」：

■ JSON 的概要

```
[
    {
        "EmployeeID": "00001",
        "Name":  "坂東大輔",
        "Department": "開發部"
    },
    {
        "EmployeeID": "00002",
        "Name":  "A田B作",
        "Department": "營業部"
    },
    {
        "EmployeeID": "00003",
        "Name":  "α原β太郎",
        "Department": "總務部"
    },



        ·
        ·
        ·

]
```

如同 XML 的情況，除了保持「結構化資料」的架構（元素間的親子關係），JSON 也可充分描述資料。

描述相同內容的「結構化資料」時，JSON 比 XML 更為簡潔（較少的記述量）。

相較於 XML，JSON 看起來比較清爽、單純。XML 需要遵循「以標籤包圍元素」的規則，所以記述容易變得冗長。為了避免 XML 格式的冗長記述，物聯網通常採用資料量較少的 JSON 格式。

除此之外，物聯網的特性也是 JSON 格式備受青睞的理由。物聯網裝置上傳資料至雲端的時候，需要盡可能「縮減資料大小」。考量到物聯網裝置的硬體資源（處理能力、資料儲存容量）、無線通訊（從量計費）限制，以及物聯網裝置的龐大數量，大多傾向選擇 JSON 格式來解決「即便僅減少 1 位元（1 文字），也要縮減資料大小」的迫切要求。

總結

- 資料的類型可粗略分為「結構化資料」與「非結構化資料」。

- 「XML」、「JSON」屬於「非結構化資料」。

- 「JSON」的資料大小可比「XML」來得更小。

30 物聯網的資料儲存
～ NoSQL 與分散式鍵值儲存～

SQL（關聯式資料庫）無法處理「非結構化資料」，因而催生適合存放「非結構化資料」的「分散式鍵值儲存」，與適合操作「非結構化資料」的「NoSQL」。

● NoSQL 的概要

在過往的資料處理，是使用以「結構化資料」（關聯式模型）為前提的「SQL」（Structured Query Language），進行資料操作（搜尋／新增／更新／刪除資料）。然而，物聯網時代的「大數據」多為「非結構化資料」，但「SQL」的「關聯式模型」沒有辦法處理「非結構化資料」，因而催生可處理「非結構化資料」的資料庫技術——「NoSQL」。

■ NoSQL 的概要

NoSQL的概要

NoSQL＝Not only SQL (≠ No SQL)	不具「交換完整性」(ACID 特性)
不使用SQL	僅有「最終一致性」(BASE 特性)
未採用「關聯式模型」	適用橫向擴展
無綱要架構 (Schemaless)	重視讀寫速度

↓

NoSQL適合處理大數據

NoSQL 專門用來處理大數據，比 SQL 更加重視**讀寫速度**。換言之，NoSQL 優先重視速度，但犧牲 SQL 的嚴密性，會遇到 SQL 可處理但 NoSQL 處理不來的情況。

■ SQL 與 NoSQL

SQL	NoSQL
透過「**縱向擴展**」提升處理能力 ⇒難以提升性能	透過「**橫向擴展**」提升處理能力 ⇒容易提升性能
採用互斥控制（互斥鎖）、二段確認 ⇒確保嚴格的「**互換完整性（ACID 特性）**」	不採用互斥控制（互斥鎖）、二段確認 ⇒僅有寬鬆的「**最終一致性（BASE 特性）**」
需要嚴謹定義的**綱要架構**（Schema） ⇒資料結構不會在處理途中改變	不需要綱要的「**無綱要架構**」（Schemaless） ⇒資料結構可能在處理途中改變
採用「關聯式模型」 ⇒表格綱要可結合（JOIN）演算、設定關聯性	不採用「關聯式模型」 ⇒不可結合（JOIN）演算、設定關聯性

• 「縱向擴展」與「橫向擴展」

首先需要瞭解的是，SQL 和 NoSQL 提升性能的方式不同，前者採用「縱向擴展」（scale up）；後者採用「橫向擴展」（scale out）。

「縱向擴展」是藉由「提升 1 台主機的性能」來增進處理性能；「橫向擴展」不是提升單體主機的性能，而是藉由「多台主機分散處理」來增進處理性能。一般來說，「縱向擴展」比「橫向擴展」更耗費成本，也比較難以提升性能。

另一方面，雖然「橫向擴展」容易提升性能，但與可於 1 台主機完成處理的「縱向擴展」不同，各主機間需要保持一致性（最新資料），並得想辦法解決「CAP 定理」所產生的瓶頸。

■ 縱向擴展與橫向擴展

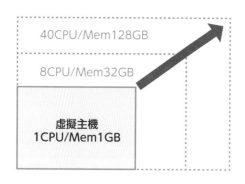
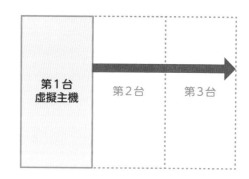

資料來源：https://www.idcf.jp/words/scaleup.html

・CAP 定理

「多台主機分散處理」難以實踐，可由數學上的「CAP 定理」來證明。「CAP」是指，「Consistency（一致性）」、「Availability（可用性）」、「Partition-tolerance（分區容錯性）」的英文字頭。

■ CAP 定理的概要

名稱	內容
一致性 （Consistency）	所有主機保持「相同的最新資料」 ⇒主機間沒有資料矛盾
可用性 （Availability）	即便某主機故障，其他存活的主機仍可繼續運作（可常態回應） ⇒不存在「單點故障」（引起整個系統停機的致命弱點）
分區容錯性 （Partition-tolerance）	即便主機間發生無法通訊的情況（「網路分區」），系統仍可繼續運作 ⇒網路分區時，可能發生資料不一致

CAP 定理的結論是「不存在滿足 C＋A＋P 的分散處理系統」（滿足其中兩項，必會犧牲剩餘的一項），試圖完全滿足「C＋A＋P」時肯定會發生「矛盾」。

■ CAP 定理的消長關係

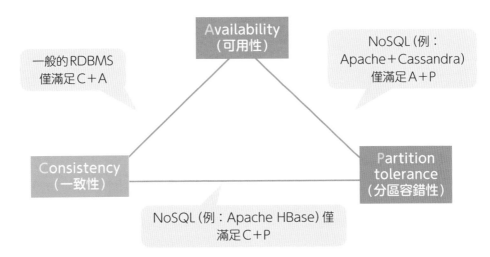

■ CAP 的消長細節

名稱	內容
重視「C＋A」	一邊的資料更新後常態傳輸至另一邊（「資料同步」），保持複數主機間的一致性（最新資料） ⇒「資料同步」會遇到網路分區的問題（未滿足 P）
重視「A＋P」	即便遇到網路分區，也可回應各主機擁有的資料 ⇒不保證資料是最新的（未滿足 C）
重視「C＋P」	遇到網路分區時，若無法保證一致性（最新資料），則返回錯誤訊息 ⇒當部分主機故障，就無法正常回應（未滿足 A）

如上所述，無法完全滿足「C＋A＋P」，代表需要犧牲其中一項特性。SQL 重視「C＋A」，透過「資料同步」保持多台主機的一致性（最新資料），但遇到「網路分區」時無法維持「資料同步」。

因此，SQL 未滿足 P 的特性，存在無法支援「網路分區」的缺點。與此相對，NoSQL 重視滿足 P 的特性，需要具備「分區容錯性」來實踐多台主機的「橫向擴展」。

・ACID 特性與 BASE 特性

NoSQL 的異動完整性比 SQL 來得低。資料庫的「異動」（transaction）是指，「資料操作（搜尋／新增／更新／刪除）的整個處理」。

異動完整性是「異動的過程中未發生資料不一致的情況」。換言之，即便複數異動同時更新相同的資料，該資料也不會產生矛盾。就異動完整性而言，SQL 確保嚴格的「ACID 特性」，而 NoSQL 僅有寬鬆的「BASE 特性」。

■ ACID 特性與 BASE 特性

「ACID 特性」整合了確保「異動完整性」的必要前提條件。

190

■ ACID 特性

名稱	內容
Atomicity （不可分割性）	資料庫的操作僅有「失敗」或者「成功」（不存在介於中間的狀態）。
Consistency （一致性）	異動的執行結果遵循完整性條件（「唯一值限制」、「非空值限制」）。
Isolation （獨立性）	即便同時並行複數異動，也不會對彼此產生不好的影響。
Durability （長久性）	異動完成後的結果可長久保存（不會突然消失不見）。

例如，網路銀行服務的異動必須滿足「ACID 特性」，絕對不允許「銀行匯款途中發生存款餘額出錯」的情況。

為了滿足 ACID 特性，需要「互斥控制（互斥鎖：exclusive control）」、「二段確認（two-phase commit）」等機制。「互斥控制（互斥鎖）」是指，在異動操作資料時，「鎖住」（lock）其他的異動操作，以防任意改動資料。「二段確認」是指，資料庫分散部署至多台伺服器時，確認所有伺服器保持資料庫一致的處理。例如，1 台伺服器系統故障停機時，避免僅該台伺服器中的資料庫沒有更新。

相較於「ACID 特性」，「BASE 特性」整合了 NoSQL 異動操作的設計思想。

■ BASE 特性

名稱	內容
Basically **A**vailable （基本可用）	非常重視可用性。
Soft-state （軟狀態）	不保證處理途中的一致性。
Eventual consistency （最終一致性）	僅保證最終結果的一致性。

相較於「ACID 特性」，可知「BASE 特性」的異動完整性不高。

異動完整性降低至「BASE 特性」的程度，NoSQL 得以加快處理的速度。若保持「ACID 特性」的程度，將會頻繁發生「互斥控制（互斥鎖）」、「二段確認」，徒增處理上的負擔。若僅有「BASE 特性」的程度，可減低處理上的負擔，相對提升資料操作的速度。

• 綱要架構與無綱要架構

SQL 採用「綱要架構」（schema）的表格形式，處理途中無法變更結構。

■ 綱要架構的概要

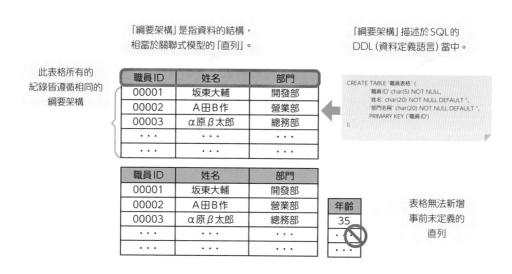

由於 SQL 需要事前定義「綱要架構」，無法靈活變更資料結構，但「資料結構固定」確保了嚴密性。因此，SQL 適合操作具有明確結構的「結構化資料」。

與此相對，NoSQL 採用不需要綱要的「無綱要架構」（schemaless），適合操作沒有明確結構的「非結構化資料」。

◎ NoSQL 的具體例子

下面列舉實裝 NoSQL 的軟體。

■ NoSQL 的具體例子

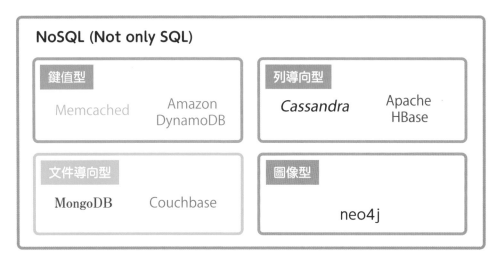

NoSQL 的類型可粗略分為「鍵值型」、「列導向型」、「文件導向型」、「圖像型」。

■ NoSQL 的類型

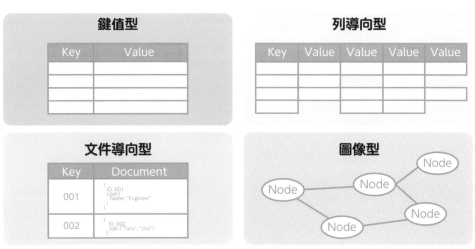

資料來源：https://thinkit.co.jp/article/11882

■ NoSQL 的類型細節

類型	說明	軟體名稱
鍵值型	成對的鍵（Key：唯一識別碼）和值（Value：資料值），1 個鍵取 1 個值（鍵和值為「1：1 對應」）。	・Memcached ・Amazon DynamoDB
列導向型	「鍵值型」的衍生型態。 1 個鍵取多個值（鍵和值為「1：N 對應」）。	・Apache Cassandra ・Apache HBase
文件導向型	「鍵值型」的衍生型態。 XML、JSON 文件相當於值。	・MongoDB ・Couchbase
圖像型	以圖像結構描述資料間的關聯性。	・neo4j

雖然 NoSQL 分成數種類型，但皆適用「非結構化資料」的「分散處理」。

◎ 分散式鍵值儲存的概要

「**資料儲存**」（data store）是指存放資料的空間，「橫向擴展」會將「資料儲存」分散於多台伺服器。

■ 資料儲存的概要

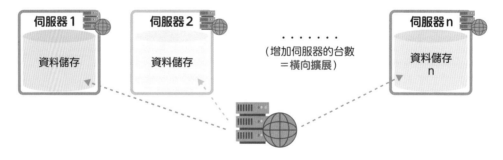

NoSQL 的「鍵值型」資料儲存會在名為「**鍵值儲存**」（key value store）的空間存放（store）鍵和值，而將「鍵值儲存」分散於多台伺服器的機制，稱為「**分散式鍵值儲存**」。

194

■ 分散式鍵值儲存的概要

鍵 → 值

伺服器 1

資料儲存 1

| 00001 | → | 坂東大輔 |
| 00002 | → | ●谷△代 |

伺服器 2

資料儲存 2

| 00003 | → | α田β子 |
| 00004 | → | X川Y男 |

伺服器 3

資料儲存 3

| 00005 | → | A野B美 |
| 00006 | → | 凸山凹助 |

上述例子是，企業的職員資訊存放於「分散式鍵值儲存」。「職員 ID」是鍵（Key）、職員 ID 對應的「姓名」是值，兩者形成「1：1 對應」的關聯性。在確保「1：1 對應」的關聯性下，即便資料被分散至複數儲存空間，也可以鍵為條件搜尋來讀取目標資料。「分散式鍵值儲存」具有下述功能，是適用分散處理大數據的資料管理機制。

・ 根據鍵值，決定資料部署哪個資料存放區

・ 在複數的資料存放區，可重複（複製）相同鍵值的資料

總結

▷ 雖然 NoSQL 犧牲了 SQL 的嚴密性，但相對提升了資料操作的速度。

▷ NoSQL 的類型可粗略分為「鍵值型」、「列導向型」、「文件導向型」、「圖像型」。

▷ 「分散式鍵值儲存」是將「鍵值儲存」（「資料儲存」的一種）分散於多台伺服器的機制。

31 文件導向型資料庫
～處理多樣的資料～

過往的「資料庫」大多是以 SQL 操作的「關聯式資料庫」。然而，伴隨「非結構化資料」的增加，也開始使用不同類型的的資料庫，處理不受限「綱要架構」的「文件」格式。

● 文件導向型資料庫的意義

「文件導向型資料庫」（document-oriented database）是指，保管文件格式（XML、JSON）資料的資料庫。

相較於關聯式資料庫，文件導向型資料庫具有「容易橫向擴展」、「提高資料的讀寫速度」、「沒有格式限制的資料描述」、「容易處理資料間的階層結構」等優點。

■ 文件導向型資料庫的意義

> **容易橫向擴展**

> **提高資料的讀寫速度**

> **沒有格式限制的資料描述**

> **容易處理資料間的階層結構**

由於文件格式屬於不採用「關聯式模型」的「非結構化資料」，可知文件導向型資料庫是 NoSQL 的一種。

另外,「容易橫向擴展」、「提高資料讀寫的速度」、「沒有格式限制的資料描述」是 NoSQL 的共通點。其中,文件導向型資料庫特別「容易處理資料間的階層結構」。

就資料管理的單位來看,「關聯式資料庫」(SQL)是表格單位(行 × 列的結構),而「文件導向型資料庫」(NoSQL)是文件單位(文句羅列的結構)。

・沒有格式限制的資料描述

由於採用「無綱要架構」,描述資料時沒有格式的限制。在編輯文件途中,可變更屬性、新增巢狀結構等。

■ 無綱要架構的概要

在相同資料內,可新增、刪除屬性。

可設定屬性的巢狀結構。

可設定值的排列方式。

```
[
        {
                "EmployeeID": "00001",
                "Name": "坂東 大輔",
                "Department": "開發部"
        },
        {
                "EmployeeID": "00002",
                "Name": "A田B作",
                "Department": "營業部",
                "Age": 35
        },
        {
                "EmployeeID": "00003",
                "Name": "α原β太郎",
                "Office": {
                        "Name": "關東事業所",
                        "Location": "橫濱市"
                }
        },
        {
                "EmployeeID": "00004",
                "Name": "無名的權兵衛",
                "Title": ["開發部長", "營業部長", "總務部長"]
        },

                .
                .
                .

]
```

JSON

197

不需要事前嚴格定義資料結構，可根據情況變化（新增管理對象的屬性等）靈活應對。

・容易處理資料間的階層結構

世間常見的資料管理大多採用「階層結構」，如電腦就是以階層結構的目錄管理檔案群，又或企業的組織架構也屬於階層結構。為了有效率地管理階層結構的資料，需要可描述相應格式的資料庫。

「文件導向型資料庫」資料管理單位的文件（JSON、XML），可自然地描述複雜的階層結構。

■ 處理資料的階層結構

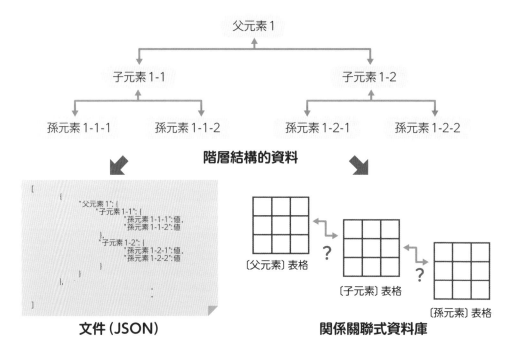

「關聯式資料庫」難以描述元素間的親子關係，即便真的成功描述，資料也會橫跨好幾個表格。結果，資料分散於不同的表格中，反而降低資料管理的效率。

「文件（JSON）」可自然描述元素間的親子關係（亦即階層結構）。

僅需要 1 個文件就能夠順利描述階層結構，將階層結構的資料整個收錄於單一文件（資料的局部化）。

● 文件導向型資料庫的具體例子

關於文件導向型資料庫，具體例子可舉「**MongoDB**」、「**Couchbase**」。本節會針對「MongoDB」來說明。

在說明文件導向型資料庫的資料操作之前，先來瞭解「關聯式資料庫」（SQL）和「MongoDB」（NoSQL）的資料結構差異。

「MongoDB」是「文件導向型資料庫」，資料管理的基本單位是「Document（文件）」。這個「Document（文件）」相當於關聯式資料庫的「Row（橫行）」。

■ 關聯式資料庫與 MongoDB 的比較

關聯式資料庫	MongoDB
Database（資料庫）	Database（資料庫）
Table（表格）	Collection（集合）
Row（橫行）	**Document（文件）**
Column（直列）	Property（屬性）

直接討論基本單位「Document（文件）」的資料操作，會比較容易理解「MongoDB」。

跟 SQL 一樣，MongoDB 也有資料操作的指令（「選擇」、「更新」、「插入」、「刪除」）。下面示範相同的資料操作，來比較 MongoDB 和 SQL 的差異。

「MongoDB」可實現相當於 SQL 的資料操作，其記述內容跟 SQL 有相似的地方。

乍看之下，「MongoDB」和 SQL 沒有太大的差異，但文件導向型資料庫「MongoDB」可直接處理階層結構的資料。

SQL 僅能夠橫跨複數表格來描述資料間的階層結構，想要搜尋階層結構的資料時，需要下達複雜的 SQL 指令（複數表格的 JOIN 演算）。與此相對，「MongoDB」不需要繁雜的指令，就可完成同樣的操作。

■ 文件導向型資料庫的操作例子（MongoDB）

插入 (INSERT)

MongoDB 的情況

```
db.mycollection.insert(
        {
        "EmployeeID": "00001",
        "Name": "坂東大輔",
        "Department": "開發部"
    }
)
```

SQL 的情況

```
INSERT INTO MYTABLE(EmployeeID, Name, Department) VALUES ('00001','坂東大輔','開發部');
```

刪除 (DELETE)

MongoDB 的情況

```
db.mycollection.remove(
        {"EmployeeID": "00001"}
)
```

SQL 的情況

```
DELETE FROM MYTABLE WHERE EmployeeID = '00001';
```

更新 (UPDATE)

MongoDB 的情況

```
db.mycollection.update(
                {
                "EmployeeID": "00001"},
                {$set: {"Department": "人事部"}
                }
)
```

SQL 的情況

```
UPDATE MYTABLE SET Department = '人事部' where EmployeeID = '00001';
```

選擇 (SELECT)

MongoDB 的情況

```
db.mycollection.find(
            {"EmployeeID" : "00001"}
)
```

```
{
        "_id" : ObjectId("5dc5507b90c9c4d39a0798a3"),
        "EmployeeID" : "00001",
        "Name" : "坂東大輔",
        "Department" : "開發部"
}
```

SQL 的情況

```
SELECT * FROM MYTABLE WHERE EmployeeID = '00001';
```

EmployeeID	Name	Department
00001	坂東大輔	開發部

總結

▫ 文件導向型資料庫是指，保管文件格式（XML、JSON）資料的資料庫。

▫ 文件導向型資料庫的優點是「容易處理階層結構」。

▫ 文件導向型資料庫的代表例子有「MongoDB」。

32 即時處理與分散處理
～ Apache Hadoop 與 Apache Spark ～

在物聯網時代需要做到「大數據」的「即時處理」，但即時處理巨量資料卻不是件容易的事情。就實際的解決方案而言，一般會檢討多台伺服器的「分散處理」機制。

⊙ 處理大數據時必備的特性

物聯網處理的資料來自大量裝置，自然而然會累積成「大數據」。較為常見的「大數據」定義有「**大數據 4V**」，一般來說，符合 4V 特性的資料就會稱為「大數據」。換言之，物聯網系統必須具備足以對應 4V 的實力。

■ 處理大數據時必備的特性

大數據4V

Volume（規模）

Variety（種類）

Velocity（速度）

Veracity（正確性）　**OR**　Value（價值）

■ 大數據的定義①

名稱	說明
Volume（規模）	資料數量非常龐大（Big）。
Variety（種類）	資料種類廣泛。 其中，大數據包括「非結構化資料」（文字、聲音、圖像、影片等多種多樣的形式）。
Velocity（速度）	採取「即時處理」。

第 4 個 V 通常是下述兩項之一（沒有明確的定義）。

■ 大數據的定義②

名稱	說明
Veracity（正確性）	不單獨討論有限數量的樣本，而是以所有資料（母體）為對象，力求分析的準確率。

或者，也有人認為是下述定義：

■ 大數據的定義③

名稱	說明
Value（價值）	為了某種目的而蒐集，背後蘊藏巨大的價值。

想要滿足上述所有的 4V 非常困難，其中又以「Velocity（速度）」最不易達成，不難想像「即時處理」巨量資料的困難程度。僅單台伺服器難以做到大數據的即時處理，需要藉由多台伺服器來「**分散處理**」。

關於多台伺服器「分散處理」的系統，本節會以「Apache Hadoop」和「Apache Spark」為例來解說。雖然兩者的目的都是即時處理大數據，但會根據用途用於不同的場景。

⦿ Apache Hadoop 的概要

就即時處理大數據的系統而言,以「**Apache Hadoop**」較為有名。「Hadoop」這個奇特的名稱,是開發者取自其兒子的「黃色大象玩偶」。「Apache Hadooop」以分散處理為前提,系統主要由「**HDFS(分散式檔案系統)**」和「**MapReduce(分散處理)**」所構成。

■ Apache Hadoop 的概要

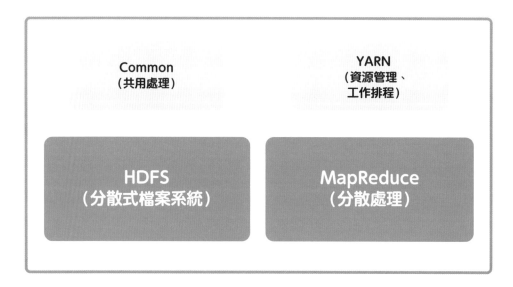

分散處理大數據的時候,需要「多台伺服器分擔資料處理」,為此也得「將大數據分派給複數伺服器」。在 Apache Hadoop 當中,「將大數據分派給複數伺服器」採用「HDFS」(分散式檔案系統)的機制;「多台伺服器分擔資料處理」採用「MapReduce」(分散處理)的機制。

・MapReduce(分散處理)

「MapReduce」的機制包括「**Map 處理**」(分割資料)和「**Reduce 處理**」(彙整資料),概要請見下頁圖示。

204

■ MapReduce 的概要

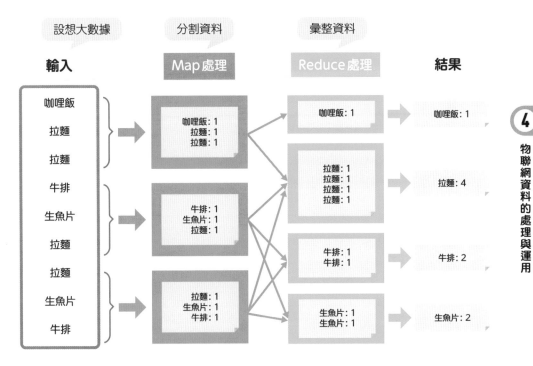

假定需要大量處理「咖哩飯」、「拉麵」、「牛排」、「生魚片」等輸入資料。

為了在多台伺服器間「分散處理」，得先進行「Map 處理」（分割資料）。

各伺服器完成該有的處理後，進行「Reduce 處理」（彙整資料）整合分散處理的資料。根據「Reduce 處理」的結果，算出巨量輸入資料（大數據）的統計結果。

這個「統計結果」正是潛藏於大數據的規則性，堪稱商務上的金雞母。以上圖為例，可知「拉麵的銷售量是咖哩飯的 4 倍」的規則性，能夠為進貨原料策略等帶來巨大的幫助。

⬤ Apache Spark 的概要

除了「Apache Hadooop」外,「**Apache Spark**」也是即時處理大數據的系統。下面由「Apache Hadoop」(的「MapReduce」) 和「Apache Spark」的對比,來看「Apache Spark」的概要。

■ Apache Hadoop 與 Apache Spark 的對比

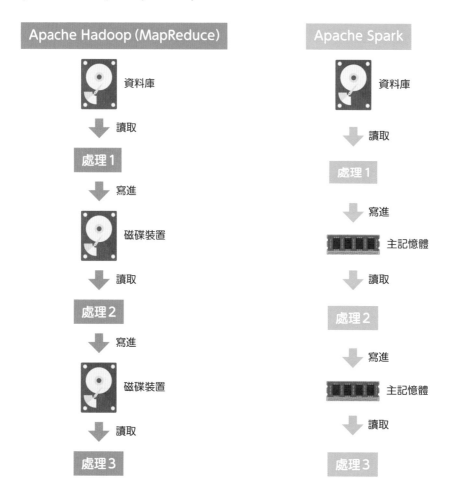

「Apache Hadoop」和「Apache Spark」最大的差異在於「處理資料的位置」,前者是在「磁碟裝置」完成,而後者是在「記憶體內(「**主記憶裝置**」內)」完成。下表是「主記憶裝置」和「磁碟裝置」的性質差異。

■ 主記憶體與磁碟裝置的差異

	主記憶裝置	磁碟裝置
處理速度	高速	低速
資料存放空間	小	大
資料的永久性	揮發性 （關閉電源後資料消失）	非揮發性 （關閉電源後資料留存）
媒體	主記憶體	・SSD（半導體磁碟） ・HDD（傳統磁碟）

簡言之，「磁碟裝置可處理大容量數據，但處理速度緩慢」，而「主記憶裝置僅可處理小容量數據，但處理速度迅速」。由於兩者存在各自的優缺點，「Apache Hadoop」和「Apache Spark」會區分用途使用，注重處理速度時選擇「Apache Spark」。

總結

▸ 「大數據」是指滿足「大數據 4V」特性的資料。

▸ 「Apache Hadoop」採用「MapReduce」的分散處理機制。

▸ 「Apach Spark」是在「記憶體內」處理資料，注重處理速度的性能。

33 物聯網與機器學習
～人工智慧學習後變聰明～

普通程式（軟體）和「人工智慧」最大的差異在於「機器學習」的有無，如同人類愈學愈聰明，「人工智慧」經過「機器學習」後也會變聰明。

◯ 機器學習的概要

雖然我們常用「人工智慧」（AI：Artificial Intelligence）一詞來統稱，但它其實還可再細分為不同的類型。下面來看「人工智慧」的構成要素。

■ 人工智慧的構成要素

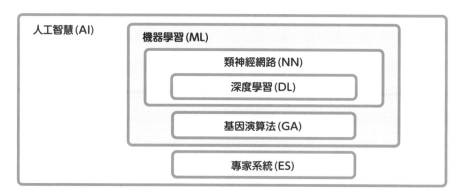

「專家系統」（ES：Expert System）可說是最古老的人工智慧，如同字面上的意思，此系統試圖以人工智慧重現「專家（內行人）」的專業知識。專家系統當初是設想醫生為專家，期望人工智慧可重現醫生診斷患者症狀的行為。

如同人類愈學愈聰明，人工智慧也可藉由「機器學習」（ML：Machine Learning）來變聰明。「機器學習」的機制包括「基因演算法」（GA：Genetic Algorithms）、「類神經網路」（NN：Neural Network）。

■「機器學習」的機制

名稱	說明
基因演算法 （GA：Genetic Algorithms）	模仿生物基因適者生存、突變進化的情況。
類神經網路 （NN：Neural Network）	模仿生物神經回路辨識外部刺激的情況。

機器學習是參考大自然機制（基因、神經回路）所開發的技術，亦即機器學習可說透過 IT 模仿大自然的機制。

目前備受注目的「**深度學習**」（DL：Deep Learning），是衍生自類神經網路的進化形式。

◯ 機器學習的類型

除了分類「基因演算法」、「類神經網路」等機制外，「機器學習」也可根據有無「**訓練資料**」（training data）來區分。

若以「有無訓練資料」分類機器學習，可粗略分為「**監督式學習**」、「**非監督式學習**」、「**增強式學習**」。

■ 機器學習的類型

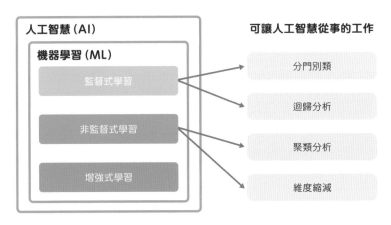

■ 機器學習的類型細節

名稱	說明
監督式學習 （supervised learning）	（人類）準備對應輸入資料的「訓練資料」，讓人工智慧學習。
非監督式學習 （unsupervised learning）	不準備「訓練資料」，僅以輸入資料摸索學習。
增強式學習 （reinforcement learning）	學習可最大化自身報酬的行動。

· 「監督式學習」與「非監督式學習」

「監督式學習」需要人類費時費力準備「訓練資料」，而「非監督式學習」不需要準備「訓練資料」。光就這點來看，可能會覺得「非監督式學習」比較優秀。然而，「監督式學習」是讓人工智慧學習正確反映人類意圖的「訓練資料」，可提高人工智慧「返回符合人類意圖的回答」的可能性，亦即「回答的準確率（妥當程度）高」。與此相對，「非監督式學習」的情況是，人工智慧僅能夠仰賴輸入資料，必須以有限的資訊來源進行處理。結果，「人類付出的勞力」和「回答的妥當程度」彼此消長，需要區分情況使用「監督式學習」和「非監督式學習」。

· 「增強式學習」

「增強式學習」是讓「人工智慧反覆嘗試」來變聰明的學習方式。

「增強式學習」的有名例子，可舉 Google DeepMind 公司開發的圍棋專用的人工智慧「AlphaGo」。AlphaGo 的增強式學習是，透過「人工智慧互相教導學習」提升準確率。AlphaGo 互相對戰學習、彼此切磋琢磨，最後成功擊敗當時人類最強的李世乭棋士。

■ 增強式學習

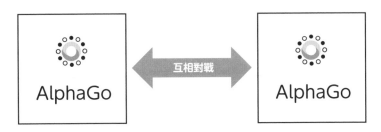

人工智慧與人類不同，具有下述特長：

· 容易「複製（clone）」

· 動作迅速

· 不會疲憊

透過這些特長，人工智慧可超高速、半永久地持續反覆學習。簡言之，「增強式學習」的真正價值在於，人工智慧可以遠超出人類的學習速度來進化。

· **適合人工智慧的工作**

人類可讓人工智慧從事的工作（亦即「人工智慧可做到的事情」），分為「**分門別類**」、「**迴歸分析**」、「**聚類分析**」、「**維度縮減**」等類型。

■ 可讓人工智慧從事的工作

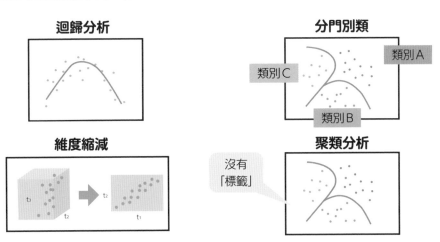

■ 可讓人工智慧從事的工作細節

名稱	說明	是否需要訓練資料
分門別類 (classification)	根據訓練資料，預測資料所屬的「類別」。	監督式學習
迴歸分析 (regression)	根據訓練資料，預測「數值」。	
聚類分析 (clustering)	將輸入資料區分為複數的「聚類（群組）」	非監督式學習
維度縮減 (dimensionality reduction)	保持有意義性，同時壓縮資料量。	

人工智慧進行「迴歸分析」、「分門別類」時，會根據訓練資料處理輸入資料，兩者的差別在於預測的對象不同。

「迴歸分析」用來預測「數值」，如以與鄰近車站的距離預測房屋的「租金〔數值〕」。

與此相對，「分門別類」用來預測資料所屬的「類別」，如以圖像預測拍攝的動物「種類〔類別〕」。進行「分門別類」的時候，先由人類貼上「標籤」（標記）後，再讓人工智慧學習訓練資料。例如，為了預測未知圖像所拍攝的是「狗」，必須讓人工智慧學習已標記「狗」的訓練資料（「狗」的正確圖像）。

「聚類分析」跟「分門別類」相似，不同之處在於它屬於「非監督式學習」，沒有人工智慧可參考的「標籤」。因此，僅能夠仰賴由輸入資料所獲得的資料來源，將輸入資料分為多個「聚類（群組）」。「聚類分析」的結果能否帶來幫助，端看人類如何運用。

「維度縮減」是指，將不好的影響（準確率低落）降至最低，同時壓縮（縮減）資料的處理量，又可稱為「維度壓縮」。「維度」是指資料擁有的變數種類，如處理三個變數的「三維度資料」去除其中一個變數後，變為壓縮成兩個變數的「二維度資料」。當然，胡亂刪除變數可能影響處理的準確率，得先分析各個變數的關聯性（相關性）再進行「維度縮減」。

為了在有限的主機資源下處理「大數據」，需要靠「維度縮減」降低處理對象的資料量。

◯ 機器學習的重點

接著來看機器學習的重點。

■ 機器學習的重點

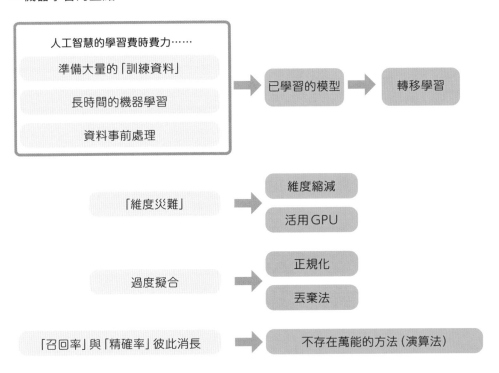

人工智慧的機器學習費時費力，需要「**準備大量的訓練資料**」、「**長時間的機器學習**」、「**資料事前處理**」。歷經如此耗費時力的過程，學習經過資料化的知識，才得以完成人工智慧學習的成果 ——「已學習模型」。由於人工智慧的學習費時費力，有時會對完成的已學習模型進行「**轉移學習**」（transfer learning），再利用（沿用）至其他用途。

・維度災難

輸入資料、訓練資料當中的變數（「維度」）非常多，陷入資料處理負載過高的狀態，就稱為「**維度災難**」（the curse of dimensionality）。陷入「維度災難」的時候，人工智慧恐怕無法在實際可運用的時間內完成機器學習。因此，我們會嘗試資料的「**維度縮減**」，降低機器學習的負擔（所需時間）。「維度縮減」以外的機器學習加速手法，其他還有**活用 GPU** 而不單獨使用CPU。

・過度擬合

「監督式學習」存在「**過度擬合**」（overfitting）的巨大弱點。人類可事前準備的「訓練資料」數量有限，而現實世界的資料數量堪稱無限。「過度擬合」是指，僅大量學習數量有限的訓練資料，造成人工智慧太過順從已知的資料。人工智慧陷入「過度擬合」時，無法正確處理未知的資料。

■ 過度擬合

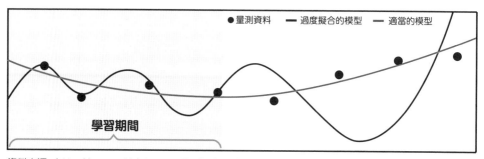

資料來源：http://www.nttdata.com/jp/ja/insights/trend_keyword/2014032701.html

以上述為例，紅線模型是符合現實情況的正解。然而，在學習期間錯誤解釋數量有限的量測資料（黑點），造成人工智慧推導出偏離現實情況的黑線模型。

抑制過度擬合的手法有「**正規化**」和「**丟棄法**」。

「正規化」、「丟棄法」的最終目的皆是「簡化變得過於複雜的模型」，如同「Simple is best」的格言，「模型的斷捨離可有效提升準確率」。

■ 抑制過度擬合的方法

名稱	說明
正規化 (normalization)	過度擬合後，經常導出「比現實情況更加複雜的模型」。因此，人工智慧在機器學習的時候，會透過「正規化」落實「增加模型複雜度的懲罰」，來抑制模型變得過度複雜。
丟棄法 (drop-out)	隨機使部分的「類神經網路」內部結構失效（丟棄）的技法。 (a) Standard Neural Net　(b) After applying dropout. 隨機「丟棄法」不需要新增「訓練資料」，就可簡化成近似單一類神經網路的內部結構。關於類神經網路的內部結構，細節請見 Sec.34 詳述。 「丟棄法」的目的是盡可能實現「整體學習」。「整體學習」（ensemble learning）是，參照具有複數內部結構的類神經網路，對照其輸出結果提升學習效率的方法。

資料來源：http://jmlr.org/papers/volume15/srivastava14a/srivastava14a.pdf

・「召回率」與「精確率」彼此消長

對於完成機器學習的人工智慧，評價預測結果的指標有「召回率」（Recall）、「精確率」（Precision）、「準確率」（Accuracy）、「明確率」（Specificity）、「F 值」。假定人工智慧的預測結果為「正」（Positive）和「負」（Negative）二選一。

「正」（Positive）和「負」（Negative）的差異，可用病毒感染症狀的「陽性」和「陰性」來幫助理解，「正」相當於判定「陽性＝感染病毒（Positive）」；負相當於判定「陰性＝未感染病毒（Negative）」。

■ 機器學習的評價指標

		預測結果	
		正	負
實際結果	正	TP (True Positive)	FP (False Positive)
	負	FN (False Negative)	TN (True Negative)

召回率 $Recall=\dfrac{TP}{TP+FN}=\dfrac{預測為「正」}{實際為「正」}$ ◀ 消長 ▶ **精確率** $Precision=\dfrac{TP}{TP+FP}=\dfrac{真正為「正」}{預測為「正」}$

準確率 $Accuracy=\dfrac{TP+TN}{TP+FP+TN+FN}$ **明確率** $Specificity=\dfrac{TN}{FP+TN}$ **F值** $\dfrac{2\times Recall\times Precision}{Recall+Precision}$

■ 機器學習的評價指標細節

名稱	說明
召回率（Recall）	實際為「正」的資料中，預測為「正」的資料比例。 例如，「實際感染病毒的人中，判定為陽性的人數比例」。
精確率（Precision）	預測為「正」的資料中，實際為「正」的資料比例。 例如，「判定為陽性的人中，實際感染病毒的人數比例」。
準確率（Accuracy）	預測「正」或者「負」的準確程度。
明確率（Specificity）	實際為「負」的資料中，預測為「負」的資料比例。 例如，「實際未感染病毒的人中，判定為陰性的人數比例」。
F 值	「召回率」和「精確率」的調和平均。

完成機器學習的人工智慧，在「預測結果」和「實際結果」的組合中，「True（真）」意味「預測結果＝實際結果」；「False（偽）」意味「預測結果≠實際結果」，記得「True 的比例愈大（＝ False 的比例愈小）愈好」即可。

需要注意的地方是，「召回率」和「精確率」的消長關聯性，亦即「召回率高則精確率低」或者「精確率高則召回率低」的關係。

召回率高代表「減少遺漏（疏忽）正（Positive）的情況」，也意味「放寬判斷為正（Positive）的基準」，但同時「偽陽性（FP：False Positive）的情況增加」，亦即「實際為負卻錯誤（False）判定為正（Positive）的情況增加」。就結果而言，雖然減少了遺漏（疏忽）正（Positive）的情況，但卻也提高了混入雜音（錯誤訊息）的可能性。

精確率高代表「減少混入正（Positive）的錯誤判斷（負〔Negative〕）」，也意味「收緊判斷為正（Positive）的基準」，但同時「偽陰性（FN：False Negative）的情況增加」，亦即「實際為正（Positive）卻錯誤（False）判斷為負（Negative）的情況增加」。就結果而言，雖然減少了混入雜音（錯誤訊息）的情況，但卻也提高了遺漏正（Postive）的可能性。

在評價機器學習的結果時，需要考慮「召回率」和「精確率」的平衡，根據狀況選擇適當的方法（演算法）。

總結

▶「人工智慧」可依序細分為「人工智慧」→「機器學習」→「類神經網路」→「深度學習」。

▶「機器學習」的類型可粗略分為「監督式學習」、「非監督式學習」、「增強式學習」。

▶「機器學習」不存在萬能的方法（演算法），需要區分情況使用。

34　深度學習的框架
～活用於偵測異常、控制裝置～

深度學習需要按照「人工智慧→機器學習→類神經網路→深度學習」的順序來理解，亦即深度學習是過往人工智慧研究的延伸技術。

● 類神經網路的概要

「**類神經網路**」（NN：Neural Network）可直譯為「神經網路」，如同其名是模仿人類「神經細胞（神經元）」機制的人工智慧，重現人類智慧中的「辨識（五感）」。「類神經網路」是由「**輸入層**」（input layer）、「**中間層**」（hidden layer）、「**輸出層**」（output layer）三大要素所構成，「中間層」（hidden layer）又可稱為「**隱藏層**」。類神經網路的各層有相當於「人類神經元」的「單元」。

■ 類神經網路的概要

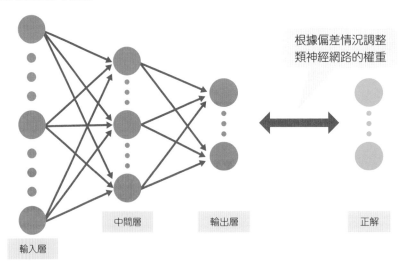

根據偏差情況調整
類神經網路的權重

中間層　　輸出層　　正解

輸入層

資料來源：https://www.itmedia.co.jp/makoto/articles/1507/27/news067.html

■ 類神經網路的細節

名稱	說明
輸入層	輸入外部資料的階層。
中間層 （隱藏層）	處理資料的階層（此中間層正是 Sec.33 提及的「類神經網路的內部結構」）。 透過機器學習提升處理的準確率。 遵循獨自的權重（閾值）傳遞訊息。 對照「訓練資料」調整「中間層」的權重（「監督式學習」）。
輸出層	輸出資料處理結果的階層。

・人類的「神經元」

在人類大腦中，各個「**神經元**」（neuron）彼此相互連接，傳遞電力訊號，形成類似數位電路的構造。

■ 人類的神經元（參考資料）

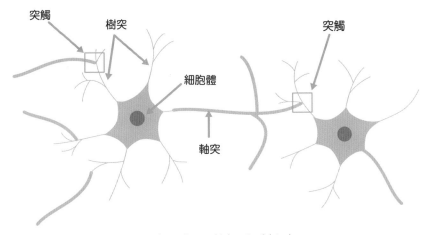

資料來源：http://ipr20.cs.ehime-u.ac.jp/column/neural/chapter2.html

神經元網路複雜地縱橫交錯，相鄰的神經元互相傳遞刺激。當接受的刺激超越神經元的閾值時，就會放電刺激其他的神經元，如多米諾骨牌般將刺激不斷傳遞下去。

反過來說，當接受的刺激未達神經元的閾值，則刺激的傳遞就會停在該神經元。「類神經網路」就是模仿像這樣遵循獨自權重（閾值）傳遞訊息的人工智慧。

● 深度學習的概要

「**深度學習**」（DL：Deep Learning）是「類神經網路」的一種（延伸進化形態），又可譯為「**深層學習**」。「深層學習」的譯法比較容易理解深度學習的性質，由「加深階層的學習」的字面意思，可知深度學習是「增加中間層數的類神經網路」。

■ 深度學習的概要

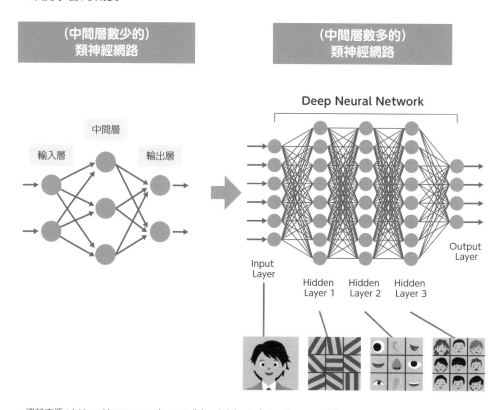

資料來源：https://www.saagie.com/blog/object-detection-part1/

類神經網路的「中間層」愈多,處理負擔愈大。多虧「硬體性能提升至可滿足深度學習的高要求」,才得以普及增加中間層數的深度學習。深度學習的原理本身,早於電腦黎明時期就已經有人提出。

為何明知會提高負擔,卻仍選擇增加「中間層」呢?因為當「中間層」愈多,愈有利於「篩選輸入資料的重要『特徵量』(排除個體差異)」的「抽象化」。這個「抽象化」正是深度學習的關鍵,意味人工智慧達到近似人類的「抽象思考」水準。

• 「特徵量」

「特徵量」(feature)是描述某事物特徵的資料,如貓臉有可識別「貓咪」的個別「特徵量」(貓咪樣貌)。

■ 特徵量

綜合判斷貓特有的「耳朵」、「鬍鬚」、「眼睛」、「條紋模樣」、「ω(嘴形)」等特徵量(貓咪樣貌),人類能夠從眾多種類的動物中辨識「貓咪」。這邊所說的「綜合判斷貓咪樣貌」,正是所謂的「貓的概念」。「概念」是其所指事物共同重要特徵量的集合體(束)。簡言之,「貓的概念」是人類可辨識的貓咪樣貌集合體。人類具有視覺辨別貓咪樣貌的優勢,可直接判斷眼前的動物是「貓咪」。

進行深度學習的時候，需要對輸入的貓咪圖像做「**維度縮減**」，篩選出貓咪個別的特徵量。

舉例來說，假設貓的特徵量存在 100 種（維度），則得從這 100 種（維度）篩選（壓縮）10 種（維度）可明顯象徵貓咪樣貌的重要特徵量。這個篩選處理意味，人工智慧忽略貓咪實際個體的細微差別，「**抽象化**」獲得貓的「**概念**」。深度學習正是活用這個「抽象化」程序的技術。

・深度學習的課題

藉增加類神經網路「中間層」的層數，促使人工智慧進化的構想過去早已存在。然而，礙於當時的主機性能貧弱，未能實現深度學習的構想。除了主機的性能外，其他阻礙實現深度學習的課題還有「**過度擬合**」和「**梯度消失問題**」。

■ 深度學習的課題

名稱	說明
過度擬合 （overfitting）	過度順從「訓練資料」，無法適當處理未知的資料。
梯度消失問題 （vanishing gradient problem）	隨著類神經網路的中間層數增加，機器學習無法繼續提升處理準確率。「梯度（應該區別的誤差）」隨著經過的階層數量逐漸消失，無法繼續在中間層傳遞（沒辦法機器學習）。

「過度擬合」是所有類神經網路都會遇到的問題，而「梯度消失問題」是深度學習才會碰到的問題。實際使用深度學習時，需要解決「過度擬合」和「梯度消失問題」等課題。在各項技術中，「自動編碼器」是不錯的解決辦法。

・「自動編碼器」

深度學習會使用「自動編碼器」（auto encoder）進行維度縮減。

■ 自動編碼器（auto encoder）

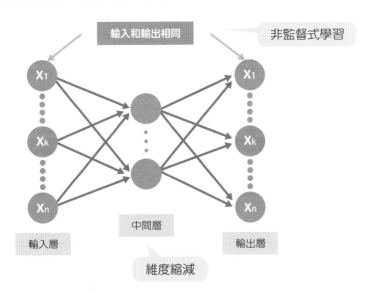

資料來源：改自https://www.itmedia.co.jp/makoto/articles/1507/27/news067_2.html

自動編碼器（auto encoder）的重點有「**非監督式學習**」和「**維度縮減**」。

■ 自動編碼器的重點

名稱	說明
非監督式學習	調整「中間層」使「輸入層」、「輸出層」的內容完全一樣。只要讓「輸入層」的輸入和「輸出層」的輸出一致即可，不用人類準備「訓練資料」。
維度縮減	讓「中間層」的單元數少於「輸入層」或者「輸出層」的單元數（壓縮）。

自動編碼器是以「非監督式學習」實現「維度縮減」，從輸入層輸入的資料**在中間層壓縮**（篩選），再從輸出層輸出（重現）與輸入層相同的資料。

這個自動編碼器的運作原理，可有效解決「過度擬合」和「梯度消失問題」。

■ 自動編碼器的效果

名稱	說明
解決「過度擬合」	「維度縮減」具有與「丟棄法」相同的效果。 如 Sec.33 所述，「丟棄法」是隨機無效化（丟棄）幾個類神經網路中間層的單元。 「維度縮減」相當於除去（丟棄）中間層的單元。
解決「梯度消失問題」	先拆解深度學習的階層，再以「自動編碼器」進行「非監督式學習」，逐層滑動來推進學習。 減少每次學習的層數，可防止梯度消失。

■ 排除「梯度消失問題」

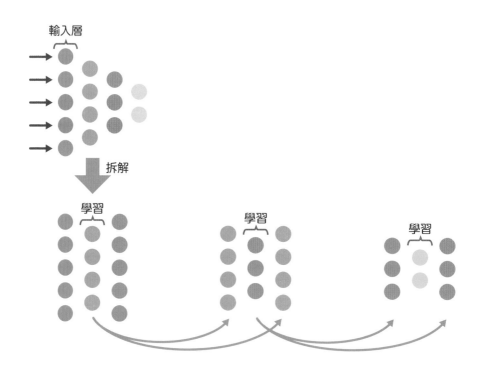

如上所述，透過自動編碼器的效果排除「過度擬合」和「梯度消失問題」，實現可運用於實際情況的深度學習。

深度學習框架的具體例子

接著討論深度學習框架的具體例子。

■ 深度學習框架的具體例子

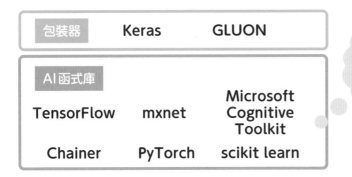

深度學習領域如火如荼展開競爭，呈現群雄割據的局面。關於深度學習核心的「AI 函式庫」，最具代表性的是 Google 公司開發的「TensorFlow」。雖然日本也有自產的「Chainer」，但現在多已改用 Facebook 公司開發的「PyTorch」。

・已學習模型的共通格式「ONNX」

以 AI 函式庫完成機器學習的「已學習模型」，受限各函式庫固有的格式，無法交換資料。為了能夠互相利用「已學習模型」，需要使用共通格式「ONNX」保持 AI 函式庫間的相容性。

・包裝器

「TensorFlow」是高性能的 AI 函式庫，但有程式設計困難（需要編寫比較多行的程式碼）的缺點。

於是，「Keras」等「包裝器」（wrapper）應運而生。「封包（wrap）」AI函式庫的工具稱為「包裝器」，程設人員可經由「包裝器」間接操作 AI 函式庫。其優點在於，不需要直接操作深奧的 AI 函式庫，也可透過人類容易理解的「包裝器」介面來解決問題。

總結

▶ 「類神經網路」是模仿人類「神經細胞（神經元）」機制的人工智慧。

▶ 深度學習是指「增加中間層數的類神經網路」。

▶ 深度學習的框架有「TensorFlow」、「Keras」、「ONNX」等。

第 **5** 章

雲端運用

本章即將討論的「雲端」，可說是物聯網系統的大腦。在網路雲端伺服器運作的物聯網平台，扮演著物聯網系統司令塔的角色，進行如蒐集大數據、人工智慧（AI）統計處理、執行程式、管理裝置等任務，說「得物聯網平台者得物聯網的天下」也不為過。

35 物聯網的 PaaS
～加速應用程式的開發～

業績蓬勃成長的 IT 企業皆有大型的雲端服務（PaaS），由於採取「訂閱制」（會員付費制）的商務模式，會員人數愈多愈能夠定期帶來莫大的利益。

○ PaaS 的概要

「PaaS」（Platform as a Service）是雲端服務的一種，如同其名是提供「Platform」（「作業系統環境」）的雲端服務。此「作業系統環境」也包括其內建程式的「執行環境」（Runtime）、資料庫管理系統（DBMS）、網路伺服器等「中間軟體」（Middleware）。

根據提供的服務範圍（程度），雲端服務可粗略分為「IaaS」（Infrastructure as a Service）、「PaaS」（Platform as a Service）、「SaaS」（Software as a Service）。三者又可統稱為「XaaS」。

■ XaaS（X as a Service）

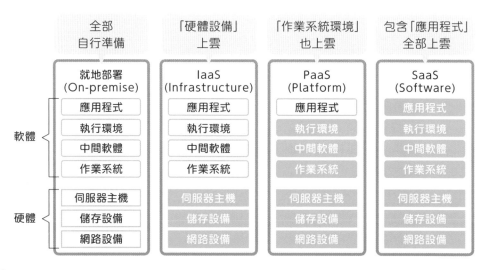

值得注意的地方是，「到哪邊自行準備、到哪邊交由雲端服務負責」的分擔比例，全部自行準備為「**就地部署**」（on-premise），全部交由雲端服務負責為「SaaS」。

乍看之下，感覺全部交由雲端服務負責的「SaaS」是最輕鬆、最佳選擇，但得注意使用者的自由度低（無法自行定義功能）。「SaaS」雲端業者完全掌握「應用程式」的主導權，使用者難以調整應用程式的功能。

與此相對，「PaaS」將「作業系統環境」（Platform）轉嫁給雲端服務整備，讓使用者專注於應用程式的開發。

○ PaaS 的優勢

若要用一句話總結「PaaS」的優勢，那就是「開發人員不需花費工夫建置環境，可僅專注於應用程式的開發」。

■ PaaS 的優勢

縮減初期成本（硬體費用等）

縮減運作管理的開銷

縮減運作管理的工夫

迅速建置環境

容易進一步擴張

專門業者的知識技術

PaaS可讓開發人員專注於物聯網應用程式的開發

如上單純用文字描述「不需要花費工夫建置環境」，各位可能沒有什麼概念，但對開發人員來說建置環境是一大難關。就筆者自身的經驗而言，「順利完成建置環境，就完成了一半的開發程序。」不對，應該說：「建置環境占了開發程序的九成。」建置環境就是如此嚴酷的試煉。

而且，環境並非建置完成就萬事大吉，維運（運作管理）甚至會比建置還要煩心。建置僅需要最初的 1 次就結束，但維運必須長期持續進行。另外，若辛苦建置的環境意外遭到破壞，還得進行復原（recovery）的作業。環境「建置」、「運作管理」、「復原」等嚴酷的試煉，可透過「PaaS」轉嫁給雲端服務。

● PaaS 的具體例子

本節將會說明「PaaS」的具體例子。「PaaS」的三大巨頭分別為「AWS」（Amazon Web Service）、「Microsoft」、「Google」，各家公司皆有適用物聯網的雲端服務。

■ PaaS 的具體例子

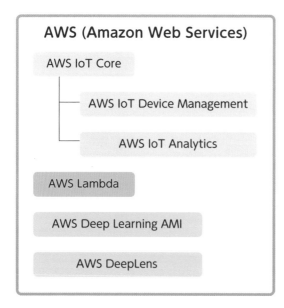
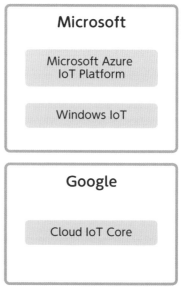

■ PaaS 具體例子的細節

名稱	說明
AWS（Amazon Web Service）	• 在雲端服務業界，最古老、規模最大的業者，占有雲端服務「業界標準」（de facto standard）的地位。 • 主要的物聯網服務有「AWS IoT Core」。 • 商用憑證（Oracle 等）的支援範圍廣泛。 • 由於歷史悠久，文件等應用程式支援其他語言。
Microsoft	• 在雲端服務業界，僅次於 AWS 的第二大廠。 • 主要的物聯網服務有「Microsoft Azure IoT Platform」。 • 物聯網裝置的作業系統是「Windows IoT」。 • 可支援具壓倒性市占率的 Microsoft 軟體、服務（Active Directory 等）。
Google	• 在雲端服務業界，繼 AWS、Microsoft 之後的第三大廠。 • 主要的物聯網服務有「Google Cloud IoT Core」。 • 可利用媲美 Google 搜尋引擎等的堅強基礎設備。 • Google 公司推出堪稱 AI 函式庫標準的「TensorFlow」，在人工智慧處理方面備受好評。

雖然還有其他物聯網雲端服務，但目前是由「AWS」、「Microsoft」、「Google」寡占全球市場。更正確來說，「AWS」占據將近一半的全球市占率，實質上可說「AWS」獨占鰲頭。

總結

▣ 根據提供的服務範圍（程度），雲端服務可粗略分為「IaaS」（硬體設備）、「PaaS」（作業系統環境）、「SaaS」（應用程式）。三者又可統稱為「XaaS」。

▣ 「PaaS」的優勢是「開發人員不需花費工夫建置環境，可僅專注於應用程式的開發」。

▣ 「PaaS」的三大巨頭分別為「AWS」（Amazon Web Services）、「Microsoft」、「Google」。

36　AWS 的物聯網雲端服務

～透過 AWS IoT Core 安全連接裝置～

據悉，AWS 每年進行 1,430 次以上（2017 年）的更新升級。雖說雲端服務的優點包括容易更新，但這是世界級大企業 Amazon 才有辦法達成的次數。

● AWS 提供的物聯網服務

「AWS」（Amazon Web Services）是美國 Amazon 公司提供的全球最大規模的雲端服務，如「Amazon Elastic Compute Cloud（EC2）」（IaaS）和「Amazon Simple Storage Service（S3）」（線上儲存空間）等知名服務。在 AWS 上建立執行個體（虛擬主機）時，通常會使用「Amazon EC2」和「Aamzon S3」。然後，AWS 提供超過 170 種服務，本書並未網羅所有服務內容，僅講解 AWS 主要的物聯網服務。

■ AWS 提供的服務

AWS IoT Core .... **Sec.36 AWS 的物聯網雲端服務**

AWS IoT Device Management .... **Sec.37 管理大規模的物聯網系統**

AWS IoT Analytics .... **Sec.39 分析物聯網裝置**

AWS Lambda .... **Sec.38 在雲端上執行程式碼**

AWS DeepLens .... **Sec.40 深度學習的物聯網裝置**

■ AWS 主要的物聯網服務

名稱	說明
AWS IoT Core	將裝置連線雲端，處理裝置上傳的訊息。
AWS IoT Device Management	建立、編輯、監視、遠距管理已連接雲端的裝置。
AWS IoT Analytics	分析巨量的物聯網資料。
AWS Lambda	無需準備伺服器即可執行程式碼。
AWS DeepLens	支援深度學習的攝影機。

AWS 提供的物聯網服務，其他還有「FreeRTOS」、「IoT 1-Click」「IoT Events」、「IoT SiteWise」、「IoT Things Graph」等。雖然不會詳細講解這些服務，但習慣本書列舉的物聯網服務後，應該能夠觸類旁通才對。

 COLUMN 雲端協作的優點

物聯網（IoT）中的「I」（Internet）是指「小型網路集合而成的大型網路」，「小型網路」是指位於物聯網末端（edge ＝終端）的「終端裝置間的互相連接」，其集合體「大型網路」可比喻為「雲端」（cloud ＝雲朵）。

為何將網路比喻為「雲端」呢？因為它沒有明確的輪廓，深深融入日常生活當中，我們不會特別意識其存在。然後，如同雲朵吸收水蒸氣愈變愈大，「雲端」吸收「大數據」（人類生活產生的資訊）也會變得巨大。就這層意義而言，「雲端」（網路）可視為網羅人類知識的世界級巨大頭腦。物聯網系統是否成功的關鍵，就在於如何活用（雲端協作）「世界級巨大頭腦」。

- 終端裝置若不採雲端協作（獨立運作），就只能靠小型頭腦孤軍奮戰。

- 終端裝置採用雲端協作後，可藉助「超巨大頭腦」的力量，即便僅有小型頭腦也足以應付。

・AWS 的「區域」

使用 AWS 時需要注意「**區域**」（Region）。region 也可譯為「地區」，是指正在使用的雲端伺服器的實際所在位置。雲端伺服器按照各個區域獨立（隔離）營運，使用 AWS 時得注意登入的區域。登入的區域不同，可能發生如「區域 B 的 AWS 主控台看不見區域 A 的裝置」的情況。因此，如果未注意到自己登入「區域 B」，可能會發生「清單中沒有顯示裝置，看來是操作失敗了」等誤會。

AWS 用久了反而容易疏忽小細節，需要注意不要漏掉主控台的「區域」。

■ AWS 的區域

使用不同的區域來管理，可迴避風險與提高通訊效率。

■ 不同「區域」的管理目的

目的	說明
迴避風險	避免特定「區域」發生的障礙影響其他「區域」。
提高通訊效率	雖說已經提升網路連線速度，但相較於實際距離遙遠的外國，本國雲端伺服器的反應時間比較快。

○ AWS IoT Core 的概要

「AWS IoT Core」是 AWS 物聯網服務的核心，可實現相當於「Google Cloud IoT Core」、「Microsoft Azure IoT Hub」的物聯網重要功能。

■ AWS IoT Core 的概要

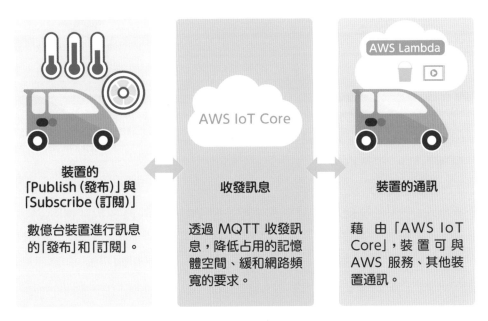

資料來源：https://aws.amazon.com/jp/iot-core/

235

「AWS IoT Core」本身是項單純的服務，透過 MQTT 負責郵件傳輸服務，雲端上的各個服務大多僅有單一功能（一個使用情境）。雲端服務的基本設計理念是，藉由組合種類齊全的單一服務，來實現複雜的要求（需求）。

⦿ AWS IoT Core 的裝置建立

在「AWS IoT Core」建立裝置時，需要使用「電子憑證」。在「AWS IoT Core」上產生「電子憑證」，作為裝置訪問「AWS IoT Core」的「通行證」。

■ AWS IoT Core 的裝置建立

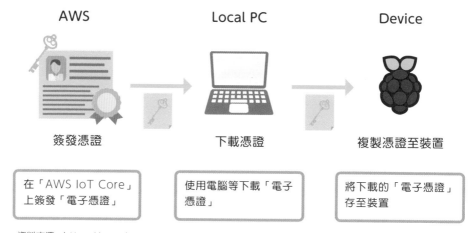

資料來源：https://sorazine.soracom.jp/entry/2019/08/28/soracomkrypton

經過如上的建立步驟，儲存僅「AWS IoT Core」可簽發的「電子憑證」後，就會判斷該裝置是「正規裝置」。實際訪問「AWS IoT Core」的時候，除了物聯網裝置的「電子憑證」外，還需要 SSL 通訊用的金鑰、「根 CA 憑證」（Root CA Certificate）。

■ 訪問「AWS IoT Core」時的必要事物

名稱	說明
物件憑證	物聯網裝置的「電子憑證」。擔保連接的裝置不是非法裝置的證明文件。
公有金鑰	SSL 通訊用的「公有金鑰」。
私密金鑰	SSL 通訊用的「私密金鑰」。
根 CA 憑證	• 認證 AWS 雲端伺服器的「電子憑證」。擔保裝置連線的伺服器不是非法伺服器的證明文件。 • 「根憑證機構」（Root CA）是 Amazon 公司旗下的最高級別憑證機構，需要通過嚴格的審查基準才會頒發憑證。「根憑證機構」可自行簽發電子憑證。

在 Sec.28 講述的「電子憑證」技術，可運用於裝置建立。

總結

▣ 「AWS」（Amazon Web Services）是美國 Amazon 公司提供的全球規模最大的雲端服務。「AWS IoT Core」是 AWS 物聯網服務的核心。

▣ 「AWS IoT Core」本身是項單純的服務（MQTT 的郵件傳輸服務）。雲端服務的基本設計理念是，藉由組合種類齊全的單一服務，來實現複雜的要求（需求）。

▣ 在「AWS IoT Core」建立裝置時，需要物聯網裝置的「電子憑證」、SSL 通訊用的金鑰、「根 CA 憑證」。

37 管理大規模的物聯網系統
～ AWS IoT Device Management 的裝置管理～

AWS 的使用者鮮少特別關心「AWS IoT Device Management」的功能，對「AWS IoT Core」等物聯網平台來說，「裝置管理」是理所當然的機能，宛若「無名功臣」般的存在。

○ 裝置管理的概要

物聯網的「雲端協作」可粗略分為「上行處理」和「下行處理」，一般傾向關注「由物聯網裝置上傳某資料至雲端伺服器」的「上行處理」。然而，「由雲端伺服器下載某資料至物聯網裝置」的「下行處理」，也同樣重要。

重要的「下行處理」可舉**裝置管理**。「雲端協作」的最大優勢在於「裝置管理」，可管理龐大數量的物聯網裝置。下面來看一般物聯網平台提供的「裝置管理」功能。

■ 裝置管理的概要

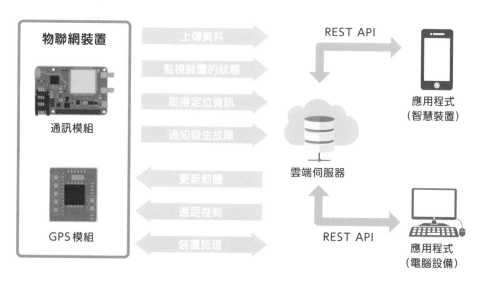

在「裝置管理」當中，不可欠缺**「上傳資料」**、**「監視裝置的狀態」**、**「取得定位資訊」**、**「通知發生故障」** 等「上行處理」，但僅有「上行處理」並不充分。

當物聯網系統發生故障的時候，透過「上行處理」掌握物聯網裝置的相關資訊後，需要對物聯網裝置進行遠端維護作業。前往大量分散偏遠地區的物聯網裝置，在當地進行作業並不切合實際。藉助「上行處理」與「下行處理」排除物聯網系統的故障（troubleshoot），才是比較符合現實的做法。

■ 裝置管理

名稱	說明
更新韌體	透過遠距更新韌體，修正韌體的錯誤、排除資安漏洞。
遠距控制	遠距離進行下述操作： ・執行指令 ・變更物聯網裝置的設定 ・開關電源
裝置認證	在允許物聯網裝置的雲端協作之前，需要進行嚴謹的「認證」（確認是否為正規裝置）。設定未通過認證的物聯網裝置，無法訪問雲端伺服器。即便已經通過「認證」，若裝置做出可疑的動作，也要取消「認證」、禁止訪問存取。 裝置認證的流程通常如下，包括雙向「上行處理」和「下行處理」： ① 物聯網裝置向雲端伺服器傳送認證資訊（「上行處理」）。 ② 雲端伺服器判斷認證資訊的合法性。 ③ 雲端伺服器向物聯網裝置回應「認證」的合法性（「下行處理」）。

接著，以「AWS IoT Device Management」為例具體介紹「裝置管理」。

包括 AWS 在內，「裝置管理」是物聯網平台的必備功能。

● AWS IoT Device Management 的概要

「AWS IoT Device Management」是 AWS 的裝置託管服務，在保持資訊安全的同時，建立、組織、監視、遠距管理物聯網裝置。

■ AWS IoT Device Management

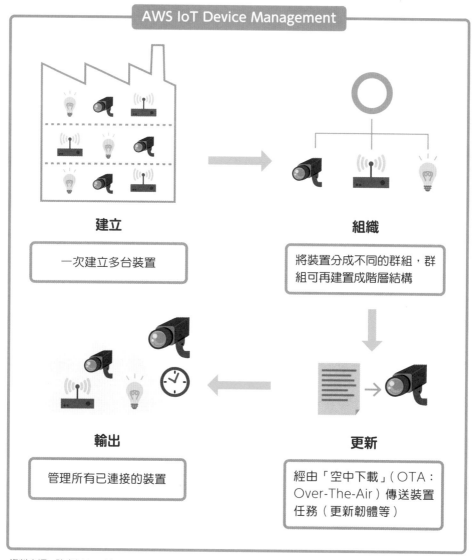

資料來源：改自 https://aws.amazon.com/jp/iot-device-management/

「AWS IoT Device Management」已是「AWS IoT Core」的基本功能，可直接由「AWS IoT Core」主控台找到相當於「AWS IoT Device Management」的選單。

■ AWS IoT Device Management 的概要

下面來看 AWS 官網列舉的「AWS IoT Device Management」的特徵，除了單純的裝置管理外，也包括統計分析裝置資訊的功能。

■「AWS IoT Device Management」的特徵

功能	說明
大量註冊連線裝置	「AWS IoT Core」有兩種建立物聯網裝置（「AWS IoT 實物」）的方式： • 建立單一實物 • 建立許多實物 在「建立許多實物」的時候，需要將多個「AWS IoT 實物」的資訊描述成 JSON 格式的「範本」。
將連線裝置分組	裝置分組後，可對同組的所有裝置進行下述操作： • 管理存取政策 • 檢視操作指標 • 對裝置執行動作 「動態項目群組」的功能也可自動組織裝置： • 自動新增符合指定條件的裝置 • 自動移除不再符合條件的裝置
機群索引與搜尋	「機群」（fleet）原為「艦隊」的意思，這裡是指「物聯網裝置的集合體」。對所有已建立的物聯網裝置（「機群」）建立索引（index）後，可搜尋有關物聯網裝置的統計資料： • GetStatistics（取得平均值、最小值、最大值、變異數、標準差等統計資料。） • GetPercentiles（按照由小而大的順序，取得位於任意百分比的「百分位數」（percentile）推測值。例如，若位於 25% 的「百分位數」為 71，表示「整體 25% 為低於 71 的值」。） • GetCardinality（取得符合查詢（query）條件的唯一（unique）記錄計數（近似值），概念近似 SQL 的 Count 函數。另外，「cardinality」可譯為「（數學用語的）勢」。）
微調裝置日誌	蒐集發生問題時的裝置資料（錯誤代碼等）。
從遠端管理連線裝置	定義韌體更新等「任務」，向物聯網裝置傳送執行命令。
安全通道	藉由「通道連線」實現受防火牆保護的安全（受信任）通訊。

資料來源：https://aws.amazon.com/iot-device-management/features/?nc1=h_ls

由上述內容可知，「AWS IoT Device Management」實現了本節開頭所提的「裝置管理」功能（＋α）。這個「＋α」的部分正是 AWS 才有的附加價值（差別化要素）。

● AWS IoT 的裝置管理

「Device Shadow」是「AWS IoT Device Management」的裝置管理單位，儲存裝置狀態資訊的 JSON 文件。下面來看「Device Shadow」的具體例子。

■「Device Shadow」的具體例子

```
{
    "version": 3,
    "thingName": "MyLightBulb",
    "defaultClientId": "MyLightBulb",
    "thingTypeName": "LightBulb",
    "attributes": {
            "model": "123",
            "wattage": "75"
    }
}
```

資料來源：https://docs.aws.amazon.com/ja_jp/iot/latest/developerguide/iot-thing-management.html

裝置資訊的更新（update）、取得（get）、刪除（delete）等，需要使用「RESTfulAPI」或者「MQTT」來操作。

● AWS IoT Device Defender 的概要

「AWS IoT Device Defender」是，保護物聯網裝置資安的「全面託管」型服務，運作時與「AWS IoT Core」、「AWS IoT Device Management」聯動。

■ 「AWS IoT Device Defender」的概要

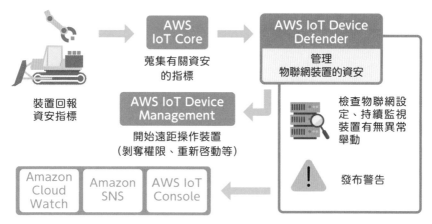

資料來源：改自https://aws.amazon.com/jp/iot-device-defender/

下面來看 AWS 官網列舉的「AWS IoT Device Defender」特徵：

■ 「AWS IoT Device Defender」的特徵

特徵	說明
稽核裝置組態以偵測安全漏洞	違反裝置事前設定的稽核項目時，發布資安警告。
持續監控裝置行為以識別異常	比較事前定義與實際的裝置行為，監視行為有無異常（違反資安的嫌疑）。取得裝置行為資訊的方法，如下所示： · 使用已上傳雲端伺服器的指標 · 對裝置部署（deploy）「裝置代理」
接收提醒並採取行動	當「稽核失敗」或者「偵測到異常行為」時，對下述服務發布資安警告： · AWS IoT 主控台 · Amazon CloudWatch · Amazon SNS 針對資安警告可採取的動作，如下所示： · 取消存取權限 · 重新啟動裝置 · 恢復原廠設定 · 向所有連線裝置傳送資安修正程式

資料來源：https://aws.amazon.com/tw/iot-device-defender/?nc1=h_ls

由上述內容可知，「AWS IoT Device Defender」是透過「稽核裝置設定」和「偵測行為異常」來判斷資安有無異常。理所當然地，使用者得自行設定稽核基準、定義行為異常。

> **C**OLUMN　Amazon與AWS
>
> Amazon 公司原先是一家「網路書店」，後來將自家公司的硬體基礎設備上雲（Iaas），跨足展開「AWS」的商務事業。「AWS」如今已成長為 Amazon 公司盈利最高的業務。除了「電商購物網站」外，Amazon 公司也同時提供「雲端服務」的業務。

總結

▫ 「裝置管理」可粗略分為「上行處理」（上傳資料、監視裝置的狀態、取得定位資訊、通知故障）和「下行處理」（更新韌體、遠距控制、認證裝置）。

▫ 「AWS IoT Device Management」是 AWS 的裝置託管服務，在保護資訊安全的同時，建立、組織、監視、遠距管理物聯網裝置。

▫ 「Device Shadow」是「AWS IoT Device Management」的裝置管理單位（儲存裝置狀態資訊的 JSON 文件）。

▫ 「AWS IoT Device Defender」是，保護物聯網裝置資安的「全面託管」型服務，透過「稽核裝置設定」和「偵測行為異常」來判斷資安有無異常。

38 在雲端上執行程式碼
～利用 AWS Lambda 執行程式～

「AWS Lambda」的名稱取自電腦科學術語的「λ 演算」（lambda calculus），「λ 演算」是 LISP 等函數型程式語言的基礎，Python 也可使用「Lambda 函數」。

○ AWS Lambda 的概要

「AWS Lambda」是提供「無伺服器」（server-less）程式執行環境的雲端服務。「Lambda」的發音為 ['læmdə]，而「無伺服器」代表「不需要顧慮伺服器」。由於省下準備雲端伺服器、運作管理的工夫，開發人員可專注於程式設計。下面來看「AWS Lambda」的概要：

■ AWS Lambda 的概要

| 編寫
原始碼 | 設定呼叫
原始碼的源頭 | 執行活動呼叫的
原始碼 | 按照實際運算
處理的時間收費 |

資料來源：改自 https://aws.amazon.com/jp/lambda/

・「Lambda 函數」

使用「AWS Lambda」的時候，會在「AWS」將自己開發的程式（原始碼）建立為「Lambda 函數」。「Lambda 函數」建立後，發生下述「AWS 活動」時就會執行「Lambda 函數」。

・ AWS 以外的系統經由「Amazon API Gateway」呼叫原始碼。

・ 其他 AWS 服務（Amazon Kinesis 等）呼叫原始碼。

・ 更新 AWS 內部的資料庫（Amazon DynamoDB、Amazon S3 等）。

「Lambda 函數」的開發支援常見的程式語言（Java、Go、PowerShell、Node.js、C#、Python、Ruby），亦即不需要重新學習「AWS Lambda」專用的程式語言，可使用自己習慣的程式語言來開發。

● 「無伺服器架構」的重點

包含「AWS Lambda」在內的「無伺服器」程式執行環境，需要留意「**縮減成本**」和「**FaaS**」（Function as a Service）。兩者所帶來的衝擊性，皆足以顛覆以往雲端服務的常識。

・縮減成本

「AWS Lambda」的開銷不以「雲端伺服器（虛擬主機的執行個體）」為單位，而是依「Lambda 函數的執行時間」收取費用，亦即按照實際使用「AWS Lambda」的時間計費，除非收到「AWS 活動」的請求，否則不會產生額外的成本負擔。

「Amazon EC2」是根據雲端伺服器啟動的時間收費，即便「沒有請求（未執行處理）的時間」也會持續計算費用。

■「無伺服器架構」的重點

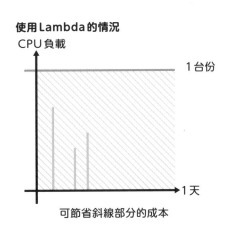

① 縮減成本

資料來源：截自 https://cloudpack.jp/whitepaper/serverless.html

就一般雲端服務的運作形態而言，「沒有請求（未執行處理）的時間」可能占據絕大部分。「無伺服器架構」最大的優勢在於，不必為這絕大部分的時間付出開銷。即便請求數增加，也僅計費實際的利用時間（執行 Lambda 函數的時間），費用負擔的接受度高。

・FaaS（Function as a Service）的概要

相較於 Sec.35 提到的「IaaS」（Infrastructure 上雲）、「PaaS」（Platform 上雲）、「SaaS」（Software 上雲），「無伺服器架構」也可稱為「FaaS」（Function as a Service）。「FaaS」顧名思義是「Function」（欲實現的功能）上雲，亦即不需要顧慮基礎設備、平台，可專注於開發功能的服務。「FaaS」的上雲程度（範圍）介於「PaaS」和「SaaS」之間，雖然「FaaS」與「PaaS」可能難以區別，但兩者的差在有無「呼叫函數」的功能。

■「無伺服器架構」的重點

② FaaS (Function as a Service)

PaaS	無伺服器 架構（FaaS）	
函數	函數	包含 呼叫函數的 功能
應用程式 （呼叫函數）	應用程式 （呼叫函數）	
執行階段 （應用程式的執行環境）	執行階段 （應用程式的執行環境）	
中間軟體、 容器技術	中間軟體、 容器技術	
OS	OS	

提供
應用程式的
執行環境

由使用者 設定的部分	雲端業者提供的 服務範圍

資料來源：改自 https://xtech.nikkei.com/it/atcl/column/17/062000249/062000002/

248

若是選擇「PaaS」，開發人員需要根據「請求」實裝「呼叫函數」的功能。具體來說，開發人員得常態監視雲端服務收到的「請求」，再自力開發執行「呼叫函數」的機制。

若是選擇「FaaS」，由於雲端會自動處理「呼叫函數」，開發人員可專注於實裝被呼叫的「函數」。

・「FaaS」的優點

「FaaS」的優點有「不需要管理伺服器」、「可靈活擴縮規模」、「可減輕運作管理的負擔」。

下面以「AWS Lambda」為例來看「FaaS」的優點。

■ FaaS 的優點

優點	說明
不需要管理伺服器	・ 不需要架設、維運伺服器。 ・「呼叫函數」交由雲端處理。
可靈活擴縮規模	・ 僅視需要執行「Lambda 函數」，可根據接收請求的次數自動擴增（調整處理性能）。 ・「Lambda 函數」是根據「AWS 活動」個別（同時）執行，可根據負載擴增縮減。 ・「Lambda 函數」的處理請求數沒有上限，可因應活動頻繁發生的情況（雲端服務的尖峰時段等）。 ・ 增加「記憶體量」的配額可縮短「Lambda 函數」的執行時間，但另外計算費用。 ・ 啟動「布建並行」（Provisioned Concurrency）的功能後，可實現高速回應（數十毫秒內反應），但另外計算費用。
可減輕運作管理的負擔	・「AWS Lambda」採用高可用性、具容錯能力的基礎設備。 ・ 沒有維運時段、計劃停機時段。 ・ 與「Amazon CloudWatch」聯動後，可進行記錄（取得日誌）與監控。

○ Amazon API Gateway 的概要

「Amazon API Gateway」是，建立連結 AWS 程式閘道（Gateway）的服務。「Amazon API Gateway」可在網頁上公開「API」（Application Programming Interface），由外部呼叫 AWS 程式來執行。輸入「URL」就能夠從外部訪問網頁上的「API」。

「Amazon API Gateway」的費用採取從量計費（根據收到的 API 呼叫次數、傳送流量），可公開的「API」類型有「RESTful API」和「WebSocket API」。

■「Amazon API Gateway」可公開的 API 類型

類型	通訊協定
RESTful API	・使用 HTTP。 ・無狀態通訊。 ・支援 HTTP 請求方法（GET、POST、PUT、DELETE）。 ・細節請見 Sec.07 的內容。
WebSocket API	・使用 WebSocket。 ・維持長久連線，可即時收發通訊。 ・細節請見 Sec.27 的內容。

「Amazon API Gateway」可公開由外部呼叫的「API」，執行在「AWS Lambda」中的「Lambda 函數」。與「Amazon CloudWatch」聯動後，可監控 API 呼叫、潛伏時間（延遲）、錯誤率等性能指標。

雖然「Amazon API Gateway」能夠同時處理最多數十萬的「API」呼叫，但為防止請求過多（爆量：burst）降低程式運作效能，也可以「節流」（throttling）設定來限制服務。透過對超過「節流」設定的請求返回錯誤訊息，在程式的可用性與效能之間取得平衡。

■ Amazon API Gateway 的概要

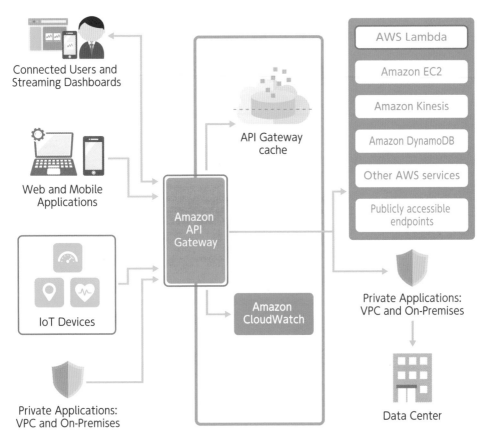

資料來源：https://aws.amazon.com/tw/api-gateway/

5
雲端運用

總結

▸ 「AWS Lambda」是提供「無伺服器」程式執行環境的雲端服務。

▸ 「無伺服器」程式執行環境的優點有「縮減成本」和「FaaS」。

▸ 「Amazon API Gateway」可公開「API」，由外部呼叫 AWS 上的程式（「Lambda 函數」等）來執行。

251

39 分析物聯網裝置
～ AWS IoT Analytics 的高速資料解析～

「AWS IoT Analytics」降低了感覺非常困難的「大數據解析」心理門檻，僅需要基本的 SQL 知識，就可輕鬆開始大數據解析。

● AWS IoT Analytics 的概要

「AWS IoT Analytics」是一種全面託管的雲端服務，可簡單執行龐大數量的大數據精密分析（analytics）。「AWS IoT Analytics」堪稱 AWS 大數據解析的核心服務，採取從量計費，按照資料的處理量、儲存量來收取費用。

「AWS IoT Analytics」的運作流程為「蒐集→處理→存放→分析→建置」，將物聯網裝置上傳的資料存於資料存放區，再讓人工智慧統計分析累積的大數據，協助系統開發。

■ AWS IoT Analytics 的概要

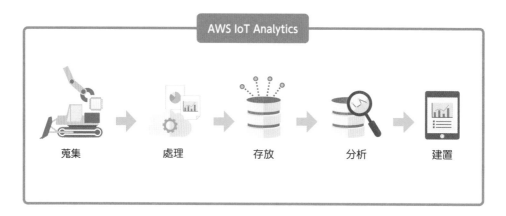

資料來源：改自 https://aws.amazon.com/jp/iot-analytics/

■ AWS IoT Analytics 的細節

功能	說明
①蒐集	以各種形式、頻率蒐集裝置的數據。
②處理	利用外部資源來轉換、加工訊息。
③存放	在分析用的時序資料存放區儲存數據。
④分析	為了執行機器學習、進行預測，需要 • 執行 SQL 查詢 • 使用機器學習用的建置模型 • 自行定義的分析
⑤建置	運用分析結果、報告，協助建置系統、行動 App。

處理大規模數據的類似服務還有「Amazon Kinesis Analytics」。「AWS IoT Analytics」和「Amazon Kinesis Analytics」的差別在於，前者用於時序（履歷）數據的解析，而後者用於串流資料（影片等）的即時處理。

○ 分析處理的流程（蒐集～處理～存放）

接著討論「AWS IoT Analytics」的「蒐集→處理→存放」的流程，亦即將物聯網裝置上傳的數據存於資料存放區的過程。

■ 分析處理的流程（蒐集～處理～存放）

Channel 蒐集　　　　　Pipeline 處理　　　　　Data Store 存放

資料來源：截自「AWS IoT Analytics 迷你使用者指南：通道」

■ 分析處理的細節

功用	名稱	說明
蒐集	通道 (Channel)	• 由「AWS IoT Core」向「AWS IoT Analytics」傳送數據。 • 在「AWS IoT Core」中的「規則」設定,選取「向 AWS IoT Analytics 傳送訊息」的動作。
處理	管道 (Pipeline)	• 數據存至資料存放區之前,會先進行「資料預處理」。 • 「資料預處理」的細節請見 Sec.47 詳述。
存放	資料存放區 (Data store)	• 將在「管道」完成「資料預處理」的數據,存至「資料存放區」。 • 存於「資料存放區」的時序(履歷)數據,之後會進行統計分析。

利用「快速建立 IoT Analytics 資源」的功能,一鍵自動建立「通道」、「管道」、「資料存放區」和「資料集」。

○ 分析處理的流程(分析～建置)

接著討論「AWS IoT Analytics」的「分析→建置」流程,亦即讓人工智慧統計分析累積的大數據,協助開發系統的過程。

■ 分析處理的流程(分析～建置)

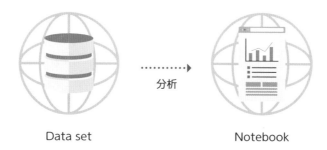

Data set　　　　分析　　　　Notebook

資料來源:截自 https://aws.amazon.com/jp/blogs/news/iot-analytics-now-generally-available/

■ 分析處理的流程細節

功能	名稱	說明
分析	資料集 (Data set)	• 從時序資料存放區定期抽取數據。 • 「資料集」即「SQL 查詢的執行結果」，對資料存放區發布 SQL 查詢，進行簡易的大數據分析。 • 「資料集」可下載為 CSV 格式。
	筆記本 (Notebook)	• 針對「資料集」進行統計分析和機器學習。 • 「筆記本」即「Jupyter Notebook」，將「資料集」視覺化（圖表檢視等）。 • 除了新建「空白筆記本」外，也有內建範本。

另外，「Jupyter Notebook」可於網頁瀏覽器上執行 Python、進行資料解析、圖表繪製，既是常用於人工智慧的程設工具，也易用於「Google Colaboratory」的雲端環境。

■ 「Jupyter Notebook」的檢視例子（在「Google Colaboratory」上執行）

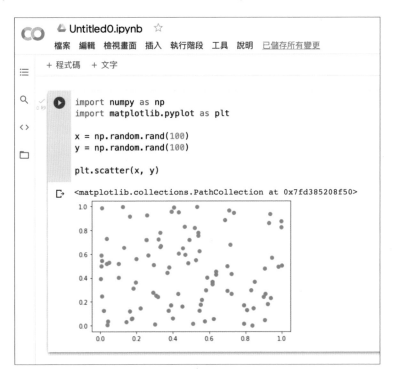

「AWS IoT Analytics」與「Amazon QuickSight」聯動後，可透過「QuickSight 儀表板」將「資料集」視覺化（圖表檢視等）。

■「Amazon QuickSight」的檢視例子

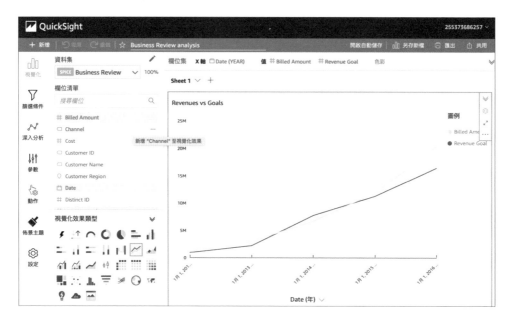

「Amazon QuickSight」內建了名為「SPICE」的記憶體內資料庫，可高速處理龐大的資料解析是其吸引人的地方，但需要另外付費才能夠使用「Amazon QuickSight」。

○ 資料科學家的概要

伴隨大數據時代的到來，「資料科學家」（data scientist）的職業受到關注。簡言之，「資料科學家」就是統計處理大數據的專家，但此「專家」非僅專精某項技術的「專才」，必須具備技術和商務兩方面的能力。

由於是精通技術、商務的跨領域人才，「資料科學家」需要具備廣泛的技能組合。

■ 資料科學家需要具備的技術與商務能力

能力	內容
技術	「如何處理大數據？」的技術（How）。資料分析需要的技術主要是統計學。
商務	「大數據可活用於什麼商務情境？」的對象（What）、「為何必須使用大數據？」的目的（Why）。

■ 資料科學家需要具備的技能組合

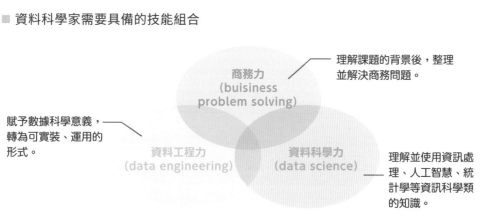

理解課題的背景後，整理並解決商務問題。

商務力
(buisiness problem solving)

賦予數據科學意義，轉為可實裝、運用的形式。

資料工程力
(data engineering)

資料科學力
(data science)

理解並使用資訊處理、人工智慧、統計學等資訊科學類的知識。

資料來源：截自「資料科學家協會」的資料

✏️ **總結**

▷ 「AWS IoT Analytics」堪稱 AWS 大數據解析的核心服務，其運作流程為「蒐集→處理→存放→分析→建置」。

▷ 「蒐集→處理→存放」的流程是，將物聯網裝置上傳的數據存於資料存放區的過程。

▷ 「分析→建置」的流程是，讓人工智慧（機器學習）統計分析累積的大數據，協助開發系統的過程。

40 深度學習的物聯網裝置
～使用 AWS DeepLens 的物聯網系統～

Amazon 公司的硬體產品有「電子書閱讀器 Kindle」、「搭載 Alexa 的 Echo」、「Fire 平板電腦」、「Fire TV」與「AWS DeepLens」，以近乎成本的價格推廣產品，期望能夠吸引更多使用者加入。

● AWS DeepLens 的概要

「AWS DeepLens」是支援深度學習（deep learning）的攝影機，內建基於深度學習模型的人工智慧（AI），可分析攝影機所拍攝的影片。過去想要處理影片的深度學習，需要個別準備攝影機、電腦、AI 函式庫等，這些前置作業相當費時費力。「AWS DeepLens」內建了所有必要的項目（All-in-one），可立即開始深度學習。

「AWS DeepLens」的尺寸僅比手掌稍大一些，硬體設備不太占據空間。

■ AWS DeepLens 的概要

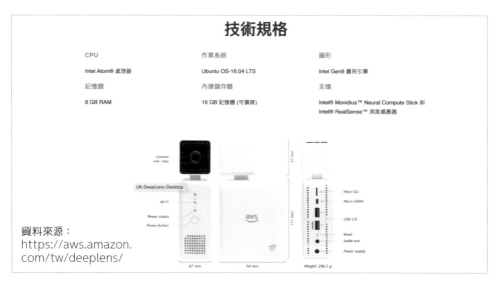

資料來源：
https://aws.amazon.com/tw/deeplens/

根據 Amazon 官網的內容，「AWS DeepLens」的目的是「所有技能層級的開發人員都可讓自己的機器學習技能有所成長」。

・「AWS DeepLens」的範例專案

「AWS DeepLens」已有內建幾個「範例專案」，讓使用者可迅速開始深度學習。

對初學者來說，自力建置「深度學習模型」（以下稱為「模型」）的門檻頗高，建議先嘗試既有的範例專案來熟悉深度學習。

■ AWS DeepLens 的範例專案

名稱	說明
物件偵測	正確地偵測、辨識物件。
熱狗辨識	將食物分類成熱狗與不是熱狗。
貓狗辨識	使用 DeepLens 辨識貓或者狗。
鳥類分類	可偵測超過 200 種鳥類。
動作辨識	刷牙、塗口紅、彈吉他等，可辨識超過 30 種動作。
臉部偵測與辨識	偵測辨識人臉。
頭部姿勢偵測	偵測 9 種不同角度的頭部姿勢。

資料來源：https://docs.aws.amazon.com/zh_tw/deeplens/latest/dg/deeplens-templated-projects-overview.html

除了上述的範例專案外，也可利用開發人員社群建立的「社群專案」。

・「AWS DeepLens」的運作機制

與「AWS DeepLens」相關的服務有「Amazon SageMaker」和「AWS IoT Greengrass」。「AWS DeepLens」會依循「建置」（build）、「訓練」（training）、「推論」（inference）的順序進行機器學習，「Amazon SageMaker」和「AWS IoT Greengrass」分別負責不同的學習階段。

名稱	說明
建置模型	由在 AWS（雲端伺服器）上運作的「Amazon SageMaker」負責。
訓練模型	
根據模型推論	由在「AWS DeepLens」（終端裝置）上運作的「AWS IoT Greengrass」（嚴格來說是「AWS IoT Greengrass Core」）負責。

「AWS DeepLens」僅專注於機器學習中的「推論」，不負責「建置」、「訓練」的部分。想要調整「AWS DeepLens」中的模型時，得採取下述其中一種方法：

· 另外準備既有的模型。

· 利用「Amazon SageMaker」自己製作模型。

■ AWS DepLens 的運作機制

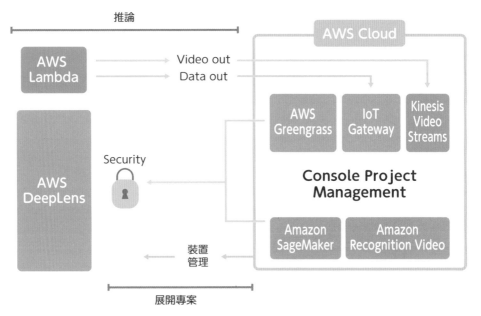

資料來源：改自 https://aws.amazon.com/jp/deeplens/

● Amazon SageMaker 的概要

「Amazon SageMaker」是，快速建置、訓練、部署模型的全面託管型服務，由「編輯」、「訓練」、「託管」等部分所構成。

■ Amazon SageMaker 的概要

| Notebook instance | 編輯 | Jobs | 訓練 | Models | 託管 | Endpoint |

資料來源：改自https://aws.amazon.com/jp/blogs/news/amazon-sagemaker/

下面來看「Amazon SageMaker」中，「編輯」、「訓練」、「託管」的詳細圖示。

■ Amazon SageMaker 的運作機制

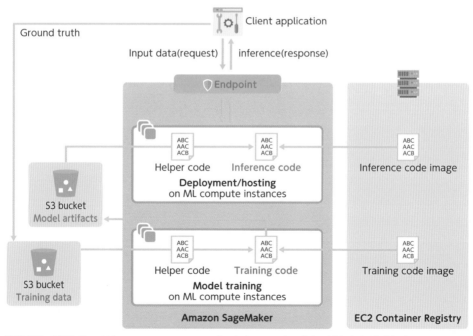

資料來源：截自https://docs.aws.amazon.com/ja_jp/sagemaker/latest/dg/whatis.html

請注意圖中的「Inference code」、「Training code」、「Training data」、「Model artifacts」、「Endpoint」。

■ Amazon SageMaker 的細節

名稱	說明
Authoring （編輯）	・描述「推論」邏輯的 Python 原始碼（Inference code）。 ・描述「訓練」邏輯的 Python 原始碼（Training code）。 ・編輯原始碼的時候，使用「Jupyter Notebook」的執行構體（Notebook instance）。 ・準備訓練模型的學習資料（Training data）。
Training （訓練）	・執行訓練模型的任務（Jobs）。 ・根據「訓練」邏輯進行訓練處理。 ・訓練時輸入由「Amazon 3S」讀取的學習資料（Training dadta）。 ・訓練後輸出調整完成的模型參數（Model artifacts），儲存至「Amazon 3S」。 ・訓練完成的模型（Models）即「推論邏輯的 Inference code 與已調整參數的 Model artifacts」。
Hosting （託管）	・託管訓練完成的模型。 ・提供呼叫模型的「端點」（Endpoint）。 ・訪問端點後，可即時取得推論結果。

「Amazon SageMaker」支援 TensorFlow、PyTorch、Apache MXNet、Chainer、Keras、Gluon、Scikit-learn 等框架。

然後，該平台也準備了開發機器學習的整合開發環境「Amazon SageMaker Studio」。

⬤ AWS IoT Greengrass 的概要

「AWS IoT Greengrass」是實現物聯網裝置（終端裝置）邊緣運算的架構。

換言之，「AWS IoT Greengrass」可說是「AWS Lambda 的邊緣運算版本」。相較於「AWS Lambda」在 AWS（雲端伺服器）上運作，「AWS IoT Greengrass」（嚴格來說是「AWS IoT Greengrass Core」）在終端裝置上運作。除了離線狀態可執行「AWS Lambda 函數」外，透過邊緣運算也可望縮短回應時間。

搭載 Linux 系列作業系統（「Raspberry Pi OS」等）的物聯網裝置（Raspberry Pi 等），能夠託管「AWS IoT Greengrass Core」。託管「AWS IoT Greengrass Core」的物聯網裝置，具有與其他裝置通訊的「中樞」（hub）功能。

■ AWS IoT Greengrass 的概要

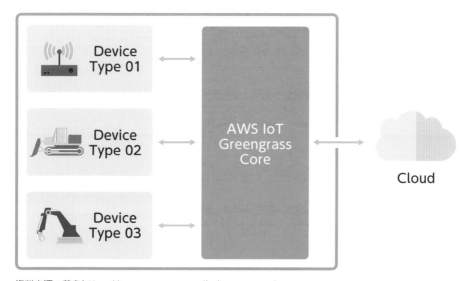

資料來源：截自 https://aws.amazon.com/jp/greengrass/

■ 物聯網裝置與 AWS IoT Greengrass Core

名稱	說明
物聯網裝置	內建「AWS IoT Device SDK」的裝置可設定，經由本地網路與「AWS IoT Greengrass」互相通訊。
AWS IoT Greengrass Core	可本地執行「AWS Lambda 函數」。直接與雲端互相通訊，遇到斷續的通訊情況時採用本地（離線）運作。

· 「AWS IoT Greengrass Core」的「ML 推論」功能

「AWS DeepLens」可利用內部「AWS IoT Greengrass Core」的「ML 推論」功能，在本地執行（邊緣運算）「ML」（Machine Learning：機器學習）中的「推論」處理。「AWS DeepLens」在「推論」處理影片時注重回應性能，沒有餘裕與雲端伺服器互相通訊，理所當然會採用邊緣運算。

總結

▷ 「AWS DeepLens」是支援深度學習的攝影機，內建了所有「處理影片的深度學習」的必要項目（All-in-one）。

▷ 「Amazon SageMaker」是迅速開發機器學習（編輯、訓練、託管模型）的全面託管型服務。

▷ 「AWS IoT Greengrass」是實現終端裝置中邊緣運算的架構，「AWS DeepLens」可利用內部「AWS IoT Greengrass Core」的「ML 推論」功能。

第 **6** 章

物聯網開發的案例

在本書的最後一章，將會複習前面章節的內容，同時根據筆者的實務經驗，講解物聯網開發的整體流程。由於物聯網好比「IT 的綜合格鬥技」，工程人員得具備堪稱「全知全能」的廣範圍知識。物聯網的開發可謂一連串的苦難，但如諺語「不入虎穴焉得虎子」所云，想要成功就得勇於挑戰。

41 物聯網的開發實務
～物聯網好比「異種綜合格鬥技」～

一般來說，軟體技術人員不擅長硬體方面的知識，反之亦然。然而，物聯網需要融合軟硬體的知識，技術人員得同時掌握兩方面的相關技能。

● 物聯網的開發全貌

根據第 1 章～第 5 章的內容，最後第 6 章將會概述開發物聯網的實際流程。綜觀物聯網的開發全貌，可粗略分為「**準備開發環境**」、「**開發軟體**」、「**實際運用**」。

■ 物聯網的開發全貌

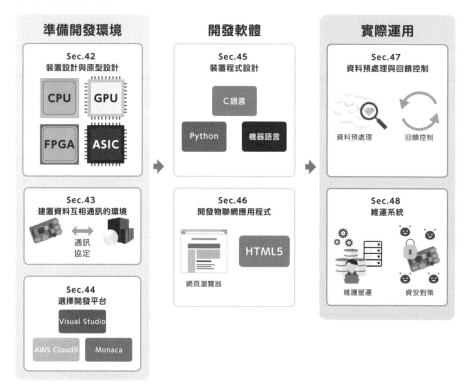

■ 物聯網開發的整體細節

階段	內容	細節
準備開發環境	裝置設計與原型設計	• 「CPU」、「GPU」、「FPGA」、「ASIC」的差異 • 硬體處理與軟體處理的「協同設計」
準備開發環境	建置資料互相通訊的環境	• 「通訊協定」的階層結構 • 由「IPv4」轉換成「IPv6」
準備開發環境	選擇開發平台	• 開發環境（驗證環境）上雲 • 雲端式「整合開發環境」（IDE）
開發軟體	裝置程式設計	• 「程式語言」的意義 • 嵌入式程式設計的注意事項
開發軟體	開發物聯網應用程式	• 「原生 App」與「網頁 App」 • 「HTML」的進化版本「HTML 5」
實際運用	資料預處理與回饋控制	• 「資料預處理」的例子 • 物聯網中的主角「回饋控制」
實際運用	維運系統	• 維運物聯網系統的原則 • 物聯網系統的資安對策

聽聞「開發物聯網系統」容易直接聯想「開發軟體」，但其實「準備開發環境」、「實際運用」占了比較大的比例。

尤其，「實際運用」是容易遺漏盲點，在「資訊系統的生命週期」中，開發階段僅占初期的一小部分，而「實際運用」階段卻占了幾乎全部的生命週期。然而，若最初的「準備開發環境」失敗，會連帶影響後續的「開發軟體」、「實際運用」。

物聯網裝置大多在戶外（偏僻地）運作，一旦開始「實際運用」後，就難以更動系統構成（硬體尤其困難）。

想要成功開發物聯網，「準備開發環境」、「開發軟體」、「實際運用」得全部落實才行。

◎ 物聯網的三大支柱「電路設計」、「軟體設計」、「機構設計」

物聯網系統的開發需要三類專業知識 —— 物聯網三大支柱的「電路設計」、「軟體設計」、「機構設計」

■ 物聯網三大支柱的「電路設計」、「軟體設計」、「機構設計」

「軟體設計」技術人員

「電路設計」技術人員　　　　　　　　　　　「機構設計」技術人員

■ 物聯網系統開發的工作內容

名稱	內容
電路設計	・開發物聯網裝置內建的電路板。 ・開發可將負載沉重的軟體處理「交由硬體處理」的電路（FPGA 等）。
軟體設計	・使用程式語言（C 語言等），開發控制物聯網裝置的軟體（韌體）。 ・開發適用雲端伺服器、用戶裝置（智慧裝置、個人電腦等）的軟體。
機構設計	・開發可承受嚴酷戶外環境的物聯網裝置機體。

由上可知，物聯網開發需要「電路設計」、「軟體設計」、「機構設計」技術人員進行「三人四腳」。除了 IT（資訊技術）外，物聯網系統的開發也得具備「弱電」（用於電路的微弱電力）、「機械」等工程技術。

「弱電」工程的例子可舉「A/D 轉換（類比／數位轉換）」。除了數位感測器外，物聯網裝置也有可能配備類比感測器，需要「A/D 轉換」將類比電訊轉為軟體可處理的訊號。

「A/D 轉換」是指，將類比波形的電訊轉為數位數值的資料。類比電訊容易受到外部雜訊影響，可能導致量測值出現誤差。此時，「弱電」工程技術有助於排除問題。

而「機械」工程方面，物聯網裝置大多在戶外運作，傾向暴露於眾多人的面前。

若發售的物聯網裝置缺乏設計美觀，可能得不到相關製造企業與產品用戶的青睞。因此，物聯網裝置的機構設計需要相應的美感。

這邊所說的設計是指，包括外觀、耐久性、功能性、盈利性等的綜合性設計，而「機械」工程技術有助於規劃「堅固、安全、美觀的設計」。

●「磨合」與「組合」

筆者認為，物聯網是結合「**磨合**」（和魂）和「**組合**」（洋才）的「和魂洋才」（保留日本文化、融入西方文化）。

相較於日本企業的「磨合」型製造工業，海外企業屬於「組合」型製造工業。下面來看「磨合」和「組合」的對比。

■ 磨合與組合

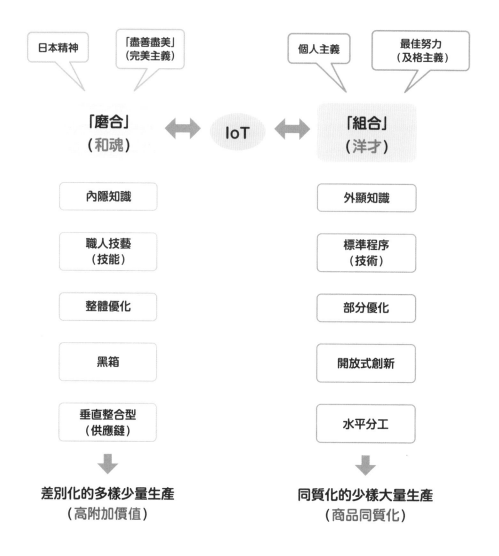

「磨合」是指，作為大型企業團體的承包「供應鏈」一員，與其他「供應鏈」成員尋求整體優化，追求盡善盡美的行事風格。

由於仰賴熟練技術人員的職人技藝（內隱知識），技術容易呈現黑箱特性。

「組合」是指，立場對等的企業彼此水平分工，追求最佳努力（及格最低分）的行事風格。

以水平分工為前提，多家企業彼此共享技術（開放式創新）。為了共享技術，需要視覺化相關技術，將內隱知識轉為外顯知識。

物聯網已有豐富的「電路」、「軟體」、「機構」相關零組件，光這些零組件就可構成相應的物聯網系統。

感測器、電腦（Raspberry pi、Arduino 等）、電路（FPGA、GPU 等）、雲端（AWS 等）、無線通訊（LPWA 等）的現成品眾多，製造上比厚重長大型工業來得輕鬆許多，跨足物聯網商務的門檻也降低不少。

然而，為了使物聯網系統的整體品質更為精練，需要對「組合」的零組件進行「磨合」。這個「磨合」正是與其他競爭者產生差異化的要素，不假思索隨意「組合」現成的零組件，雖然可能做出有趣的玩具，但沒辦法變成商業產品。

例如，零組件間可能發生不相容的問題，顧客的產品用法（使用情境）也多是預料外的情況。想要解決這類課題，需要「磨合」物聯網系統的構成要素，追求整體的最佳化。

✏ 總結

- ▶ 物聯網開發可粗略分為「準備開發環境」、「開發軟體」、「實際運用」。

- ▶ 物聯網開發所需的技能包括「電路設計」、「軟體設計」、「機構設計」等。

- ▶ 物聯網是結合「磨合」（和魂）和「組合」（洋才）的「和魂洋才」。

42 裝置設計與原型設計
～電路設計與基板設計～

伴隨物聯網時代的到來，軟體技術人員逐漸也要會處理硬體（電路）。不過，「硬體描述語言」跟「程式語言」相似，對軟體技術人員來說並不難理解。

○ FPGA 與 ASIC

物聯網裝置的原型設計採用「**FPGA**」（Field Programmable Gate Array），「Field Programmable Gate Array」可直譯為「現場可程式邏輯閘陣列」，亦即「可改寫邏輯（處理）的積體電路」。因此，在設計電路的時候，FPGA 可寫進各種邏輯反覆試驗。

除了 FPGA 外，物聯網裝置還會採用「**ASIC**」（Application Specific Integrated Circuit），「Application Specific Integrated Circuit」可直譯為「特殊應用積體電路」。與 FPGA 不同，ASIC 無法改寫固定的邏輯。光聽到不能改寫邏輯，可能會認為 ASIC 比較拙劣。但是，FPGA 為了實現可改寫邏輯，避免不了出現「冗長（多餘）的電路結構」。然後，由於產生冗長（多餘）的部分，在處理速度、功耗、成本方面都比 ASIC 來得差。

粗略來說，兩者的差異為「FPGA 具備優異的靈活性，但會出現多餘的電路結構」，與「ASIC 無法靈活變通，但可針對特定用途最佳化」。

考量 FPGA 和 ASIC 的特性，可如下區分使用兩者：

■ FPGA 與 ASIC 的使用階段

階段	用途
原型設計的階段	在反覆試驗決定最佳邏輯的時候，採用 FPGA 原型設計。
產品量產的階段	量產品內部的積體電路採用 ASIC，建置已決定的固定邏輯。

■ FPGA 與 ASIC

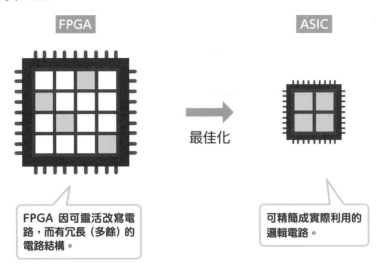

FPGA

ASIC

最佳化

FPGA 因可靈活改寫電路，而有冗長（多餘）的電路結構。

可精簡成實際利用的邏輯電路。

・FPGA 的相關技術

FPGA 的特長是可改寫「邏輯」，而描述「邏輯」的語言為「**硬體描述語言**」（HDL：Hardware Description Language）。「硬體描述語言」的兩大巨頭為「**VHDL**」和「**Verilog HDL**」，透過該語言可如「程式語言（C 語言等）」般的編寫風格來設計電路。

■ FPGA 的相關技術

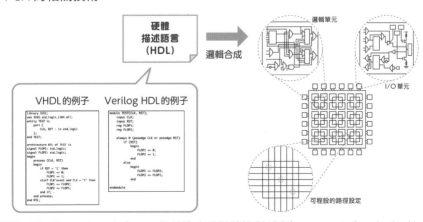

硬體
描述語言
（HDL）

邏輯合成

邏輯單元

I/O 單元

VHDL 的例子　Verilog HDL 的例子

可程設的路徑設定

資料來源：http://zone.ni.com/reference/ja-XX/help/371599P-0112/lvfpgaconcepts/fpga_basic_chip_terms/

273

■ 邏輯合成與高階合成

名稱	說明
邏輯合成	遵循電路設計圖的「硬體描述語言」，程式設計（改寫）電子回路。 · 進行近似軟體開發的「建置」處理 · 將邏輯寫進 FPGA
高階合成	使用以 C++ 語言為基礎的專用語言「SystemC」設計電路，亦即可用程式語言設計電路。

FPGA 的重要突破在於，「可用開發軟體的感覺來設計電路」。過往的電路設計需要高階的專業知識（手繪電路圖等），對非專業的技術人員來說門檻相當高。然而，FPGA 問世後，變成可用「類似 C 語言的描述形式」編寫電路。換言之，只要擁有 C 語言的開發經驗，就可大概掌握電路的規格，或者自行設計並邏輯合成簡單的電路。這是軟體工程師踏入電路設計硬體世界的重要轉捩點。

○ 物聯網使用的積體電路

物聯網使用的積體電路有「CPU」、「GPU」、「FPGA」、「ASIC」。「CPU」（中央處理單元：Central Processing Unit）如同其名是電腦的大腦；「GPU」（圖形處理單元：Graphics Processing Unit）如同其名，原本是專門處理「圖像繪製」（尤其需要大量運算的 3D 圖像）的晶片，但也可將其高處理性能用於「人工智慧」。運用於「圖像繪製」以外用途的 GPU，又可稱為「GPGPU」（General Purpose on GPU）。

接著來看「CPU」、「GPU」、「FPGA」、「ASIC」的差異，這邊將積體電路喻為「軍人」集結而成的「軍隊」。

「軍人」是處理的基本單位，而計算「軍人」的單位是「核心」（core），「核心」如同其名是進行處理的重要中心（包含控制部分和演算部分的運算電路）。積體電路有多少「核心」，就可進行多少數量的平行處理。

■ CPU、GPU、FPGA 與 ASIC

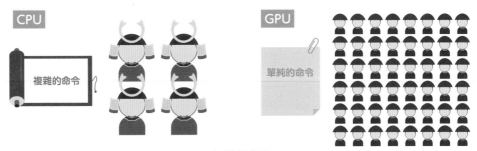

↑ 軟體處理

- -

↓ 硬體處理

由電路設計（邏輯）決定可處理的內容，可改寫邏輯。

由電路設計（邏輯）決定可處理的內容，不可改寫邏輯。

■ CPU、GPU、FPGA 與 ASIC 的差異

處理	名稱	說明
軟體處理	CPU	· 可執行複雜命令的「將軍」（數個核心） · 執行「條件分歧」等複雜的命令 · 以數個核心逐批處理複雜的命令
	GPU	· 可執行單純命令的「步兵」大軍（數千個核心） · 執行「反覆」等單純的命令 · 以數千個核心平行處理單純的命令
硬體處理	FPGA	·「功用」可變的軍人集團 · 也可如同 GPU 做平行處理
	ASIC	·「功用」固定的軍人集團 · 也可如同 GPU 做平行處理

需要掌握的重點，如下所示：

・「CPU」和「GPU」進行「軟體處理」。

・「FPGA」和「ASIC」進行「硬體處理」。

・「軟體處理」速度慢；「硬體處理」速度快。

・「軟體處理」靈活可變；「硬體處理」無法變通。

・「CPU」是「逐批處理」；「GPU」是「平行處理」。

・「FPGA」和「ASIC」的處理內容取決於電路設計，電路也可設計成平行
　處理。

「平行處理」可有效提升深度學習（Deep Learning）等人工智慧的處理性
能。「GPU」因擅長「平行處理」，在人工智慧處理方面受到關注。不過，
透過電路設計，「FPGA」、「ASIC」也可實現「平行處理」。

「GPU」無法避免軟體處理的負載問題（例：需要與「CPU」傳輸資料），
但具備軟體處理的靈活性（例：可用軟體自由控制）。

「FPGA」、「ASIC」可期待硬體處理的高效性能，但僅會依照寫進的邏輯處
理。

由於「GPU」和「FPGA」（「ASIC」）有著各自的優缺點，正在人工智慧領
域展開霸權爭奪。

○ 協同設計的概要

物聯網系統混合了「軟體處理」和「硬體處理」。使得「**協同設計**」（co-
design）受到關注，決定物聯網系統執行「軟體處理」還是「硬體處理」的
共存（任務分擔）設計，變得非常重要。

■ 協同設計的概要

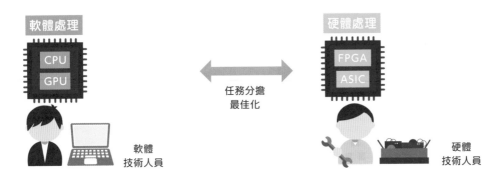

例如，加密處理、人工智慧處理等運算量大的處理，「軟體處理」和「硬體處理」皆可實現。因此，加密處理、人工智慧處理可交由「硬體處理」負責，再將剩餘的硬體資源（CPU、記憶體等）分配給「軟體處理」。想要實現這樣的運用，需要軟體技術人員和硬體技術人員協作開發物聯網系統。

然而，「軟體處理」和「硬體處理」的協作並不容易實現，兩者會互相影響依存，如當 FPGA 的電路設計發生延遲，可能造成軟體開發跟著延宕。「協同設計」需要軟體技術人員和硬體技術人員進行兩人三腳。

✏️ 總結

▷ 物聯網裝置的原型設計可活用「FPGA」。

▷ 物聯網使用的積體電路有「CPU」、「GPU」、「FPGA」、「ASIC」。

▷ 「協同設計」是兼顧軟體處理和硬體處理的共存（任務分擔）設計。

43 建置資料互相通訊的環境
～選擇最佳的通訊協定～

物聯網使用的通訊協定不勝繁數，瞭解所有協定規格不是容易的事情。實際上，即便不特別意識相關細節，透過軟體的函式庫、網頁服務的 API，就能夠輕鬆處理通訊協定。

○ 物聯網通訊協定的種類

包含物聯網在內，「通訊協定」（通訊的約定事項、通訊方式的規格）都是以「OSI 參考模型」或者「TCP/IP 模型」等階層結構來管理。

下面以階層結構列舉物聯網的通訊協定。

■ 物聯網通訊協定的種類

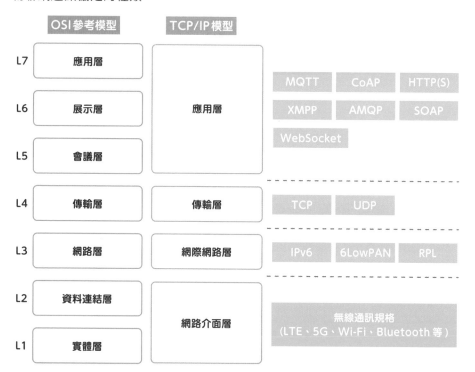

■ 通訊協定的細節

階層	OSI 參考模型	TCP/IP 模型	說明
L7	應用層	應用層	負責具體的通訊服務
L6	展示層		規定資料的描述方式
L5	會議層		規定通訊開始到結束的步驟
L4	傳輸層	傳輸層	負責錯誤修正、重傳控制等
L3	網路層	網際網路層	負責選擇網路的通訊路徑（路由）
L2	資料連結層	網路介面層	規定直接連接機器間的訊號收發方式
L1	實體層		規定實際連接型態（連接器的針腳個數等）

・網路介面層

物聯網的無線通訊規格（LTE、5G、Wi-Fi、Bluetooth 等）對應「**網路介面層**」，亦即專門用於「機器間訊號傳輸」的規格，而後續的資料通訊程序（選擇通訊路徑～執行具體的通訊服務）委由上位階層。透過像這樣分層明確負責的範圍（不涉及自身負責範圍以外的事情），試圖簡化各個規格。

・網際網路層

「網際網路層」的通訊協定有「IPv6」、「6LowPAN」、「RPL」。

「IPv6」的細節請見後面詳述。

■ 網際網路層的通訊協定

名稱	說明
IPv6 (Internet Protocol version 6)	「IPv4」（版本編號 4 的 IP）的進化版本（版本編號 6 的 IP），普遍用於選擇網路通訊路徑的協定。
6LowPAN (IPv6 over Low-Power Wireless Personal Area Networks)	讓「IPv6」在 IEEE 802.15.4 的無線 PAN 上運作所制定的協定。
RPL (IPv6 Routing Protocol for LLNs)	在「LLNs」（Low-Power and Lossy Networks）的「低功耗且易丟失封包的無線網路」上，用於選擇「IPv6」通訊路徑的協定。

・**傳輸層**

「**傳輸層**」的通訊協定有「**TCP**」和「**UDP**」。

■ 傳輸層的通訊協定

名稱	說明
TCP (Transmission Control Protocol)	・識別「埠號」（port number）後傳送資料至應用程式 ・「連接式」協定 ・可靠性高 ・傳送速度低 ・具備連接控制功能（順序控制、重傳控制、視窗控制、流量控制） ・適用不允許資料遺失的場景 ・具體例子有郵件收發（POP3、SMTP）、檔案共用（FTP）等
UDP (User Datagram Protocol)	・識別「埠號」後傳送資料至應用程式 ・「無連接式」協定 ・傳送速度快 ・可靠性低。即便通訊途中資料遺失（封包丟失），也不會重新傳送 ・適用允許部分資料遺失、但講求高通訊速度的場景 ・具體例子有影片串流、語音通話等

「TCP」和「UDP」皆有「識別埠號後傳送資料至應用程式」的功能。「埠號」是用來唯一辨識通訊應用程式的編號，由於 1 台電腦同時運作了多個應用程式，除了電腦的 IP 位址外，也得使用「埠號」來識別通訊對象的應用程式。

「TCP」和「UDP」最大的差異在於「是否確立連接（虛擬傳送路徑）」，建立連線的 TCP 擁有高可靠性，但有連線負載造成通訊速度降低的問題；未建立連線的 UDP 擁有高通訊速度但可靠性低，發生封包丟失時不會重傳資料。

◯ 由 IPv4 轉換成 IPv6

接著討論伴隨著物聯網的普及，由「IPv4」轉換成「IPv6」的發展始末。

過去普遍使用的「IP 位址」，是根據「IPv4」所制定的 32 位元長度「IPv4 位址」。

32 位元長度的位址可唯一識別的裝置台數最多「約 43 億個」。

無法因應物聯網裝置數量爆增的現狀，「IPv4 位置」已經呈現枯竭的狀態。

因此，為了擴張「IPv4 位址」的上限數量，根據「IPv6」制定了「IPv6 位址」。

■ 由 IPv4 轉換成 IPv6

IPv4 位址	IPv6 位址
192 . 168 . 0 . 1	2001 : 0DB8 : 0000 : 0000 : 1234 : 4567 : 89AB : CDEF
32 位元長度＝2 的 32 次方	128 位元長度＝2 的 128 次方

「IPv6 位址」是 128 位元長度的位址，足以排除物聯網裝置的數量限制。數量的理論上限約為 340 澗個（澗＝ 10 的 36 次方），即便「全球人口持有 1 億台物聯網裝置」，也沒有任何問題。

● 應用層的通訊協定

除了 Sec.27 解說的「MQTT」、「HTTP（S）」、「WebSocket」外，應用層的通訊協定還有「SOAP」、「CoAP」、「AMQP」、「XMPP」。

■ 應用層的通訊協定

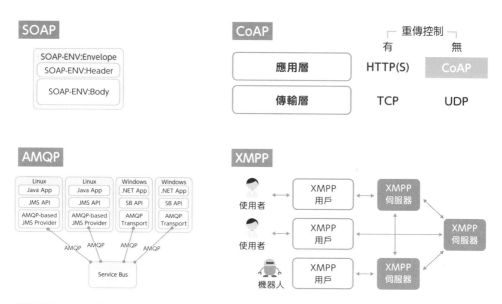

資料來源：https://docs.microsoft.com/ja-jp/azure/service-bus-messaging/service-bus-amqp-overview

物聯網通訊協定的共通點是，講求「允許通訊可靠性低，但必須輕量快速」。考量到大量的物聯網裝置通訊，需要排除負載大的重傳控制，導入分配複數伺服器的分散處理機制。

具有處理大量通訊實績的「通訊」技術（AMQP、XMPP），就非常適合用於物聯網。

■ 應用層通訊協定的細節

名稱	說明
SOAP (Simple Object Access Protocol)	• 網頁服務間的通訊採用 XML 訊息格式。 • 訊息傳送通常採用 HTTP 協定。 • 因規格變得複雜，傾向採用輕量的「REST API」」架構。
CoAP (Constrained Application Protocol)	• 根據 UDP 所制定的協定，因排除重傳控制，運作比 HTTP (S) 來得輕盈。 • 跟 MQTT 一樣，封包的標頭長度短。
AMQP (Advanced Message Queuing Protocol)	• 多個平台間的通訊交換，採用經由「代理人」(Broker) 的「MQ」(Message Queueing) 方式。 • 原本是用於金融機構的技術。 • AMQP 的實裝例子有「ActiveMQ」、「RabbitMQ」。
XMPP (Extensible Messaging and Presence Protocol)	• 根據 XML 所制定的協定，目前用於即時通訊軟體。 • 歷史悠久的「落伍」技術。 • 除了「伺服器＆用戶」通訊外，也進行「伺服器＆伺服器」 通訊。 • 未與人類使用者綁定的用戶，稱為「機器人」(bot)。

6

物聯網開發的案例

總結

▣ 「通訊協定」是以階層結構（「OSI 參考模型」或者「TCP/IP
模型」）來管理。

▣ 為了因應呈現枯竭狀態的「IPv4 位址」，制定了「IPv6 位址」
擴張數量上限。

▣ 應用層的通訊協定有「SOAP」、「CoAP」、「AMQP」、「XMPP」。

44 選擇開發平台
～利用雲端的高效開發環境～

很久以前，整備開發環境跟開發作業同樣辛苦，甚至說系統開發中「環境建置占了九成」也不為過。如今，透過「上雲」便可一鍵完成環境建置。

● 開發環境上雲

現今，物聯網系統的開發環境逐漸「上雲」。過去的開發環境是，添購大量實體主機（例：電腦、伺服器）的「就地部署」（on-premises），亦即自力建置開發環境。雖說如此，伴隨系統開發的規模擴大，凡事親力親為逐漸力不從心，因而催生租借他人（雲端服務業者）的硬體資源（雲端伺服器），來建置開發環境的趨勢。

開發環境上雲的優點，如下所示：

· 可縮減添購開發主機的開銷。

· 可節省建置開發環境的勞力。

· 可在外出地用低規格行動裝置存取。

· 容易標準化（統一）所有開發人員的開發環境。

推進開發環境上雲的背景，還有「開發人員的流動」。系統開發專案（包含物聯網）的人員替換頻繁，除了長期僱用的正式職員外，還有短期支援的約聘職員、合作公司（承包建置系統的企業）參與開發。換言之，期間限定的成員可能占了絕大多數。另外，成員也可能因轉職、精神疾病等突然離職。在此背景下，每當新成員加入就添購（租賃）新主機，每當有成員離去就處分（解約或者變賣等）主機，不斷反覆這樣的循環，只會造成無端的浪費。

因此，才出現以「雲端伺服器」建置開發環境的趨勢，不但容易開始、停止利用，也可根據伺服器用量負擔費用。

■ 開發環境上雲

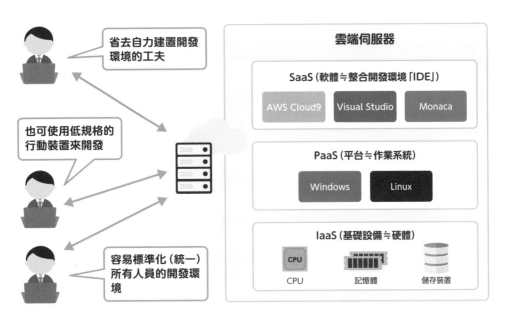

• 「驗證環境」上雲

除了「開發環境」外，「驗證環境」也逐漸上雲。

雖然統稱為「驗證環境」，但其實包含了許多細節。尤其，在系統動作會受平台（作業系統類型、軟體、基礎設備與其版本）差異影響的環節，「驗證環境」更能夠發揮其威力。例如，網頁內容可能因作業系統類型、網頁瀏覽器類型，呈現差異甚遠的畫面外觀。明明在某條件環境下可正常顯示，但在其他條件環境下卻可能排版跑位，所以驗證運作情況時也得考慮平台的差異。

在「驗證環境」上雲的時候，雲端伺服器得先準備「虛擬主機」，整頓符合驗證運作所需的環境（作業系統類型、軟體、函式庫與其版本）。完成上雲後，僅需要切換虛擬主機就可開始利用「驗證環境」。

■ 驗證環境上雲

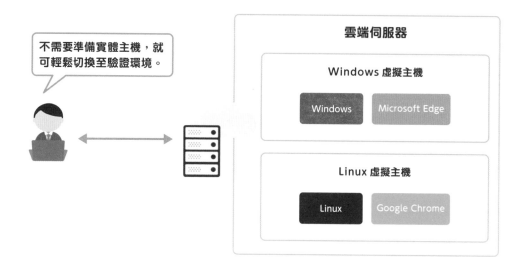

虛擬主機具有容易複製、復原等優點。

在驗證運作的時候，會遇到想先將環境還原至「初始狀態」，再進行驗證、修復的情況。此時，可迅速「捨棄＆建立」驗證環境，會是很大的優勢。

■ 虛擬主機的複製與復原

處理	說明
複製 （製作虛擬主機的複製體）	・複製虛擬主機後，容易多人同時驗證運作。 ・實體主機會遇到僅數台同時作業的瓶頸。
復原 （回到特定時點的狀態）	・利用虛擬主機的「快照」功能，容易復原驗證環境。 ・實體主機難以將驗證環境復原至「初始狀態」。

雖然由於虛擬主機的限制，無法驗證與硬體規格密切相關的運作，但根據情況併用實體主機和虛擬主機，肯定可提高運作驗證的效率。

◯ 開發環境上雲的優缺點

前面講述了「上雲」的優點，但它其實也存在著缺點。

上雲的缺點多與「過於依賴網際網路」有關。

■ 開發環境上雲的優缺點

優點
容易建置開發環境
可靈活變更開發環境的規格
可因應開發人員的增減
開發人員的自由度高
可統一（標準化）開發環境
保持最新的開發環境

缺點
必須連接網際網路
線路壅塞時回應時間遲緩
雲端伺服器有故障的風險
需要持續支付雲端使用費
遭受網路攻擊的風險
受限於整合開發環境的功能

當服務供應商、通訊線路發生故障，會難以連接至網際網路。遇到這類通訊障礙的情況，可透過智慧手機的熱點分享（Tethering）等，預備的通訊手段排除問題。然而，**雲端伺服器也有故障的風險**，若雲端伺服器本身停機，使用者也只能舉雙手投降了。不管是通訊障礙還是伺服器故障，當陷入無法正常訪問雲端伺服器的時候，可能會無法利用「開發環境」（或者「驗證環境」）。由於修復故障的時間只能夠看天，當故障發生在專案期限附近，開發現場肯定是人仰馬翻。

「開發環境」上雲的特有缺點，可舉「**遭受網路攻擊的風險**」。相較於就地部署的伺服器，對外公開的雲端伺服器容易成為網路攻擊的目標。若未準備網路攻擊的對策，可能會發生資料外洩等情況。

● 雲端式開發環境的具體例子

隨著雲端環境上雲，逐漸開始使用雲端式「整合開發環境」（IDE：Integrated Development Environment）。在過往的「就地部署」型開發環境，IDE 已經廣泛用於各種場景。IDE 上雲後可獲得的好處，如下所示：

· 不受裝置規格的限制，可僅用網頁瀏覽器編寫、執行、除錯原始碼。

· 不需要建置開發環境，可立即進行開發作業。

· 由於是雲端開發環境，何時何地皆可從事開發。

實際上，比較雲端式整合開發環境與具備歷史、實績的「就地部署」型 IDE，無法否認**「受限於整合開發環境的功能」**的事實。例如，一般的「網頁瀏覽器」存在使用者介面（UI：User Interface）的限制。若能夠允許功能上的限制，雲端式整合開發環境的利用價值極高。

下面來介紹雲端式整合開發環境，各個 IDE 皆有「可由網頁瀏覽器利用」的共通功能。

■ 雲端式整合開發環境（IDE）的具體例子

■ 雲端式整合開發環境（IDE）的細節

名稱	說明
AWS Cloud9	・非常受歡迎的雲端式整合開發環境。 ・與 AWS 相關服務（AWS Lambda 等）的相容性高。
Eclipse Che	・老牌整合開發環境「Eclipse」的雲端版本。 ・具備與「Kubernetes」的聯動功能。
Monaca	・稱為「HTML 5 混合式應用程式開發平台」 ・可開發 iOS 的 App。
GitHub Codespaces	・此整合開發系統包含了 Microsoft 公司的「Visual Studio Codespaces」。 ・也可使用「Visual Studio Code」。
PaizaCloud	・標榜「開啟網頁瀏覽器即可啟用開發環境」。 ・啟用開發環境（Linux）僅需約 3 秒。

在物聯網系統的開發專案中，雲端的靈活性、迅速性可有效因應技術、人才的急遽更迭。然而，雲端存在劣於就地部署的缺點（功能、性能、穩定性等），需要自行衡量優缺點，再決定「上雲」或者「就地部署」開發環境。

總結

▷ 在「開發人員的流動」的背景下，除了開發環境上雲外，驗證環境也跟著上雲。

▷ 上雲的缺點多與「過度依賴網際網路」有關。

▷ 雲端式「整合開發環境」（IDE）可由網頁瀏覽器操作。

45 裝置程式設計
～嵌入式程式設計（開發韌體）～

隨著物聯網蓬勃發展，許多軟體技術人員開始挑戰「嵌入式程式設計」。「嵌入式」存在許多特有的陷阱，若抱持與一般軟體開發同樣的思維，可能會摔得遍體鱗傷。

● 程式語言的意義

雖然統稱為「程式語言」，但其實存在各種分類，有「**高階語言**」和「**低階語言**」的分類，也有「**直譯語言**」和「**編譯語言**」的分類。語言的種類也不勝繁數，包括「C 語言」、「Python」、「Java」、「Ruby」、「C++」、「C#」、「PHP」等。如此多種多樣的「程式語言」，其共通點皆是「最終轉換為『機器語言』」。「機器語言」（machine language）也可稱為「計算機語言」。

■ 程式語言的功用

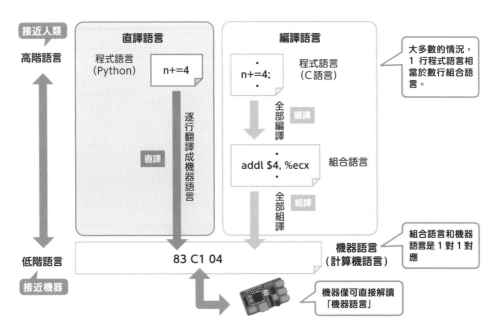

■「程式語言」、「組合語言」與「機器語言」

種類	說明
程式語言	對人類來說可讀性高的自然語言格式。 例如：Python、C 語言等。
組合語言	與機器語言各行 1 對 1 對應的「自然語言」格式。 由於機器語言是數字的羅列，人類難以解讀內容，所以將其轉換為容易閱讀的文字，但本質上等同機器語言。
機器語言	數字的羅列。 電腦（電子計算機）處理的資料通常是「二進數（0 或者 1）」。「二進數（0 或者 1）」可描述電力訊號的「電壓（Low 或者 High）」，所以適用電腦的處理。 實際上，由於「二進數」的位數往往較多，機器語言的描述多採用「十六位數」。「十六位數」的 1 位數可表達「二進數」的 4 位數，如「二進數的1100」＝「十六位數的 C」（＝「十位數的 12」）。

「機器僅可直接處理機器語言」。講得極端一點，若人類使用機器語言程式設計，根本不需要「**直譯語言**」、「**編譯語言**」、「**組合語言**」。然而，「程式語言」的存在有助於「抽象化」機器語言。

人類難以解讀僅數字羅列所構成的機器語言，光解讀機器語言就一個頭兩個大了，更不用說使用機器語言程式設計（編輯、除錯）。於是，將原始狀態難以處理（不易理解）的機器語言，抽象化為人類容易處理的程式語言（自然語言）。例如，機器語言的「83 C1 04」難以直觀理解，但轉為程式語言「n+=4」後，就可一目瞭然得知是「加上 4 的運算」。

抽象化的優點還有，1 行程式語言可表達多行機器語言的記述內容，亦即程式語言可將相當於多行機器語言的記述內容，抽象化整理成 1 行的記述形式。

一般而言，愈為抽象的高階語言，往往僅需要數行的原始碼。

換言之，使用人類語言程式設計的效率比較高。相反地，隨著抽象程度愈高，愈偏離接近機器語言的低階語言，轉換為機器語言時容易產生負擔，造成機器的處理速度低落。人類的生產力與機器的處理速度彼此消長，需要根據優先度來區分使用程式語言。

◯ 嵌入式程式設計的特點

接著整理嵌入式程式設計的特點。存在形形色色的重點，但最需要注意的是「**深受硬體資源的限制**」。由於物聯網需要大量部署裝置，基於成本考量無法使用高價位的電腦，而採用「便宜但具有低階功能」的電腦。結果，受限於CPU、記憶體等低規格的限制，無法執行高負載的處理，限縮了原始碼的開發規模（執行單位數）。

■ 嵌入式程式設計的特點

・開發環境

由於物聯網裝置的處理性能不高，「編譯」原始碼等高負載處理會執行很久。因此，物聯網裝置會採用「**交叉編譯**」（cross compile），先用高性能電腦完成「編譯」，再將生成的二進制檔寫進裝置。

寫進二進制檔時需要使用「**撰寫器**」（writer），這個「撰寫器」同時也是確認裝置運作（除錯）的工具「**除錯器**」（debugger）。關於「撰寫器／除錯器」的具體例子，可舉支援 Microchip 公司支援 PIC 的「PICkit 4」。

■ PICkit4

物聯網裝置使用的 CPU 種類繁多，對應不同的種類，開發工具也有各式各樣的類型。

開發工具間的差異頗大，需要留意**開發工具的「方言」**。例如，一般來說，嵌入式程式設計大多使用「C 語言」，但開發工具通常不用「純種 C 語言」（具有 ISO 認證的「ANSI C」）而採用「方言」的「亞種 C 語言」。換言之，開發工具各有獨自發展的 C 語言（ANSI C），造成工具之間通常無法直接移植「C 語言」的原始碼。

‧ 電子學

軟體技術人員通常不熟悉「**電子學的知識**」，但開發控制電力訊號的物聯網系統，需要具備最低限度的知識（電流、電壓、功耗、電阻等）。例如，使用軟體控制「GPIO」（通用型輸出入接口）的時候，需要「上拉（pull-up）電阻／下拉（pull-down）電阻」的知識。

軟體技術人員容易在物聯網裝置的「**類比處理**」遇到困難，如不曉得怎麼處理類比電力訊號的「雜訊（雜音）」。由類比感測器輸入數據時，需要處理類比電力訊號。類比訊號容易受到外部「雜訊」影響，當感測器的配線過長時，會因混入「雜訊」而降低準確率。

類比電力訊號需要使用「A/D 轉換」（將類比轉為數位），轉換成電腦可處理的訊號，設定「抽樣率（Hz）」、「光解析度（bit）」需要絕妙的技巧。

降低功耗是物聯網裝置的必備條件，原始碼需要如下規劃，讓裝置除了高負載的處理外，其餘時間保持省電狀態。

‧ 適當執行降低 CPU 時脈頻率的命令。

‧ 對未使用的外部裝置（A/D 轉換器等）停止供給時脈。

‧ 將未使用的 I/O 針腳設定為 Low 輸出。

‧ 落實「間歇運作」（例：執行處理的間隔從「每 10 秒 1 次」改為「每 60 秒 1 次」）。

‧ 處理的時點

物聯網裝置的典型運作模式是，「平時保持休眠（sleep）狀態，收到感測器的輸入訊號時，觸發執行適當的處理」的待機型運作。為了實現這樣的運作，需要實裝相應的原始碼，觸發後執行「**中斷處理**」（interrupt handling），切換為優先度高的處理。

定期執行預定處理的「計時器」（timer），屬於「中斷處理」的應用技巧。

除了「中斷處理」外，「**同步／非同步處理**」也相當重要。搭載「多工作業系統」的物聯網裝置，必須考量同時並行的複數處理。若需要「同步」複數處理，則得調整各處理的執行時點。

物聯網裝置大多「**講求即時性**」，嵌入式程式設計必須嚴格要求處理的時點。然而，在「深受硬體資源的限制」的前提條件下，並不容易滿足「即時性」，這就要看軟體技術人員的本領。

・系統的運用

由於物聯網裝置的數量眾多且廣範圍散布各處，可說「**對現實世界影響甚鉅**」。透過物聯網裝置控制機器設備時，需要考慮錯誤運作造成設備暴走的可能性。

嵌入式程式設計通常是「**專用於特定裝置（用途）**」，亦即需要開發特定物聯網裝置專用的軟體。為了提高物聯網系統的生產性，需要如下規劃：

- 針對每個物聯網裝置徹底管理原始碼，尤其原始碼的「版本管理」必須嚴格落實，否則會不曉得用戶取得的原始碼版本。

- 為了方便移轉使用軟體，建立共通處理（功能）的「函式庫」。

物聯網裝置是在戶外運作，需要留意「**難以更新韌體**」的問題。一般的資訊系統可直接套用修正錯誤的「修補程式」（patch），但在偏僻地運作的物聯網裝置不方便套用「修補程式」，切記物聯網系統難以修正錯誤的特性。

明明發布後難以修正錯誤，卻要物聯網裝置「**講求長期穩定運作**」。因此，避免使用最新的尖端技術，刻意採用「落伍」的穩定技術，也不失為一種選擇。剛問世不久的最新技術起初可能有不良問題，在檢討各種選擇的時候，也可將具有穩定運作實績的「落伍」技術納入考慮。

◯ 嵌入式程式設計的注意事項

嵌入式程式設計需要注意的地方不勝枚舉，其中最需留意的是「**避免陷入多工程式設計**」。有的時候明明物聯網裝置「深受硬體資源的限制」，卻無視該問題設計了占據巨量硬體資源（尤其是記憶體容量）的程式（「多工程式設計」），這是慣於在高性能電腦上設計程式的軟體技術人員經常犯的錯誤。

除了「多工程式設計」外，其他的注意事項如下：

■ 嵌入式程式設計的注意事項

避免陷入多工程式設計

徹底管理記憶體	運作環境改變
最佳化編譯器	CPU 的「個性」
故障安全	防止暴走
雜訊對策	中斷衝突

■ 嵌入式程式設計的注意事項與細節

名稱	說明
徹底管理記憶體	努力防止記憶體漏失（memory leak）。
最佳化編譯器	刪除未使用或者不需要的處理來「最佳化」編譯器。若未得到預期的執行結果，則取消「最佳化」。
故障安全	例如，編輯資料途中「突然斷電」，可能會造成資料毀損。作為「故障安全」（fail safe）的一環，需要如下規劃： ・當偵測到資料毀損，使用預設資料復原。 ・盡可能減少資料寫入的頻率，來降低資料毀損的風險。
雜訊對策	防止電力訊號混入雜訊（震顫：chattering）造成錯誤運作。例如，持續定時檢查電壓狀態。

名稱	說明
運作環境改變	物聯網裝置具有攜帶性，設置場所可能頻繁改變。例如，無線通訊環境可能突然變差，需要設想與雲端伺服器通訊中斷的情況。
CPU 的「個性」	例如，不同 CPU 類型的「資料型態長度」可能不一樣。「int（整數）型態」的變數位元長度為「2 Bytes」或者「4 Bytes」，這可能導致與變數長度有關的處理發生運作錯誤。
防止暴走	例如，實裝偵測程式暴走的「看門狗計時器」（watch dog timer）。
中斷衝突	防止多個中斷進入待機狀態（彼此等待處理結束），陷入「束手無策」的「死鎖」（deadlock）狀態。

總結

▫ 「程式語言」是可抽象化機器語言（計算機語言），讓人類容易處理（可閱讀）的語言。

▫ 嵌入式程式設計的前提有「深受硬體資源的限制」。

46 開發物聯網應用程式
~活用網頁的 App 開發~

根據 MACROMILL 的調查（2018 年），每台智慧手機平均安裝了「23 個」App。我們日常生活已經脫離不了 App，甚至可說掌握 App 者就掌握了物聯網。

○ 原生 App 與網頁 App

在日常會話中，我們常無意間提到「App」這個 IT 用語。「App」是「應用程式」（application）的簡稱，而英文單字「application」是「應用」的意思。相較於「基本」（basic）軟體的作業系統，App 是指用於某用途（目的）的「應用」（application）軟體，如 Microsoft Word、Adobe Photoshop 等「應用程式」。根據「App」的利用型態，可粗略分為「**原生 App**」和「**網頁 App**」，前者是「就地部署」的利用型態，而後者是「雲端」的利用型態。

■ 原生 App 與網頁 App

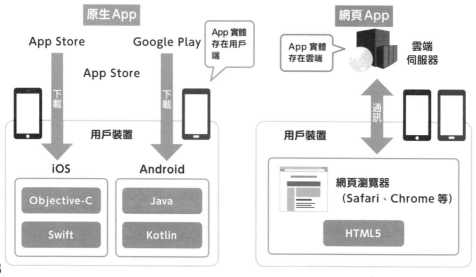

「原生 App」是在用戶裝置的機體內運作，需要下載安裝 App 才可使用。開發「原生 App」的程式語言會因用戶裝置的種類而異，需要學習用戶裝置支援的程式語言。

「網頁 App」不是在用戶裝置而是在雲端上運作，不需要下載安裝 App 也可使用。透過一般的網頁瀏覽器，就可立即利用。

開發「網頁 App」的程式語言，「HTML 5」是常見的活用例子。「HTML」(HyperText Markup Language) 原本是描述網頁內容的語言，而堪稱其進化版本的「HTML 5」，除了描述網頁內容外，還新增了近似「RIA」(Rich Internet Application) 的功能。「RIA」是用來實現「動態首頁」的 App，如著名的「Adobe Flash」、「Microsoft Silverlight」，但隨著「HTML 5」普及而逐漸式微。

○ HTML 5 的概要

過往使用的「HTML」版本是「HTML 4.01」，可描述靜態網頁的內容（亦即「非動態網頁」）。然而，在實踐下述功能的時候，「HTML 4.01」會顯得能力不足。

· 網頁添加「動作」（動畫）。

· 動態更新網頁的一部分（可變值）。

· 與使用者進行雙向（互動式）傳輸。

為了實現上述功能，使用者、開發人員需要額外進行下述作業：

· 在用戶裝置安裝 RIA。

· 以「PHP」、「Ajax」等程式語言實裝。

「Ajax」是「Asynchronous JavaScript + XML」的簡稱，在網頁瀏覽器內做非同步通訊。

為了排除上述負擔，「**HTML 5**」應運而生。「HTML 5」是「HMTL」的進化版本，除了「HTML 4.01」的功能（描述靜態網頁內容）外，還新增了下述功能。

■ HTML 5 的概要

特色	內容
語義標籤 Semantics	作為「SEO」（Search Engine Optimization：搜尋引擎最佳化）對策，賦予更好的標籤結構與意義。
離線儲存 Offline & Storage	透過「WebStorage」將資料存至本地電腦。
裝置存取 Device access	存取本地儲存的資料，如「Geolocation API」。
連線 Connectivity	伺服器和用戶以「WebSocket」進行通訊。
多媒體 Multimedia	無外掛程式也可播放影片、聲音。
三維、圖形及特效 3D, Graphics & Effects	運用 SVG、Canvas、WebGL 圖像式表達。
性能與集成 Performance & Integration	利用「Web Workers」提升效能。
風格 Styling（CSS3）	舊有「CSS」（Cascading Style Sheet）的擴張版本，支援圖像的透明顯示等。

總結來說，「**HTML 5**」的目標是替代「RIA」。在「HTML 5」問世以前，特定 IT 企業的 RIA 占據壓倒性的市占率，呈現寡占狀態。甚至，「動態首頁」遭到特定企業囊括。

這種囊括情況也可稱為「廠商壟斷」（vendor lock-in），與網路基本思維的「開源」（網際網路不受任何人獨占支配）背道而馳。「HTML 5」的宗旨就是打破「廠商壟斷」。

◯ 開發網頁 App 的注意事項

物聯網應用程式除了「原生 App」外，「網頁 App」也廣為普及。下面來看「原生 App」和「網頁 App」的比較。

■ 原生 App 與網頁 App 的比較

比較對象	原生 App	網頁 App
安裝 App	開始使用前，用戶裝置需要安裝程式。	不需要安裝程式，打開網頁瀏覽器即可使用。
更新 App	難將所有使用者的 App 更新為最新版。	只需要更新雲端伺服器上的 App 本體。
學習程式語言	學習各種裝置支援的程式語言，如學習「Swift」（iOS 用）和「Kotlin」（Android 用）。	學習不受裝置種類限制的「HTML 5」。
App 開發的工時（成本）	需要配合各種裝置開發多個 App，如開發 iOS 用 App 和 Android 用 App。	不受限於裝置種類，僅需要開發單一 App。

「原生 App」需要因應用戶裝置開發程式，會對 App 開發人員造成額外的負擔。相較於「原生 App」的繁雜，「網頁 App」僅需開發單一程式，相當輕鬆。因此，物聯網應用程式的開發比較偏好選擇「網頁 App」，但「網頁 App」仰賴雲端（網際網路）、網頁瀏覽器，開發時需要注意幾個特有的事項。

■ 網頁 App 開發的注意事項

注意事項	內容
通訊故障	發生通訊故障時，需要確保「ACID 特性」。 （「ACID 特性」的細節請見 Sec.30）
離線運作	用戶裝置無法通訊時進入「離線」（offline）狀態。即便處於離線狀態，網頁 App 也要能夠「降級運作」（降低功能、性能來保持運作）。
資料備份與復原	為了預防用戶裝置故障或者雲端伺服器故障造成資料遺失，用戶裝置和雲端伺服器雙方都應該要備份（若情況允許，建議定期自動執行）。 需要確認備份的資料可確實恢復（復原）網頁 App。
運作環境	如 Sec.44「驗證環境」所述，需要注意網頁 App 的運作環境（作業系統、網頁瀏覽器等）差異。
容量規劃 （capacity planning）	原生 App 是在各個用戶裝置獨立完成處理，鮮少出現性能方面的問題。然而，網頁 App 是透過雲端伺服器集中處理，同時訪問的使用者總數愈多，愈容易出現性能方面的問題（回應時間延遲等）。 在設計物聯網系統時，應設想「同時訪問的使用者總數」的最壞值，來規劃訪問尖峰時的應對策略。
UX	UX 是「User Experience」（使用者體驗）的簡稱，描述使用方便性、滿足度的概念。 在物聯網的系統構成中，「網頁 App」是使用者最容易接觸到的要素。若對「網頁 App」感到不滿，會對顧客滿意度帶來不好的影響，需要多加留意。 UX 的相關細節，請參閱拙著《使用者體驗虎之卷》（日刊工業新聞社）。
資安對策	需要規劃雲端伺服器「網路攻擊」的防範對策，由於資料、處理集中交由雲端伺服器，一旦雲端伺服器「遭駭」，可能會發生被「一網打盡」的風險。 常見的對策有「設定存取權限」、「驗證使用者」等。
「雲端」特有的風險	如 Sec.44 所述，網頁 App 存在過度仰賴「雲端」（網際網路）的風險。

「網路 App」的開發比「原生 App」來得輕鬆，卻存在後者不會發生的特有問題。

雖然「網路 App」的便利性、開發效率極具魅力，但必須掌握其開發特有的注意事項。

 OLUMN Amazon 深度學習 AMI

環境建置的辛苦難以估量，其中又以深度學習的環境建置最為艱辛，筆者過去也為數量龐大的安裝錯誤感到苦惱。「Amazon 深度學習 AMI」雖然沒有顯眼的功能，卻能夠帶來諸多好處。

「Amazon 深度學習 AMI」是亞馬遜公司的深度學習（Deep Learning）「虛擬映像檔」（虛擬主機的作業系統資料），「AMI」是「Amazon Machine Image」的簡稱。「Amazon 深度學習 AMI」支援「Amazon Elastic Compute Cloud」（Amazon EC2）的「IaaS」，如選擇「Amazon 深度學習 AMI」當作「虛擬映像檔」（AMI），來建立「Amazon EC2」的執行個體（虛擬主機）。

在「Amazon 深度學習 AMI」中，整備了深度學習處理所需的硬體（加速深度學習處理的 GPU「CUDA Core」）、函式庫（TensorFlow 等）、軟體（Python 等）、輔助工具（Jupyter Notebook 等）。

總結

▣ 根據利用型態，「App」可粗略分為「原生 App」和「網路 App」。

▣ 「HTML 5」是「HMTL」進化版本，除了「HTML 4.01」的功能外，還新增了近似「RIA」的功能。

▣ 在開發物聯網應用程式的「網頁 App」時，需要掌握其特有的注意事項。

47 資料預處理與回饋控制
～有效活用大數據～

物聯網公司堪稱「數據氾濫」的公司，伴隨物聯網裝置爆發性增長，大數據也跟著發生「宇宙大爆炸」。比起擔憂數據不足，更需要思考如何處理（活用）數據。

● 決定數據價值的要素

隨著大數據的時代來臨，數據的重要性（價值）愈加受到關注。然而，我們得先明確「決定數據價值的要素」，才有辦法判斷數據的價值。決定數據價值的要素，包括「網路外部性」、「經驗曲線效應」、「先進者優勢」、「視覺化」。

■ 決定資料價值的要素

網路外部性

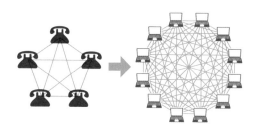

經驗曲線效應

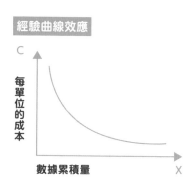

先進者優勢

視覺化

■ 決定數據價值的要素細節

要素	細節
網路外部性	指「隨著使用人數增加，網路（和其數據）的價值跟著增長」的性質。
經驗曲線效應	指「隨著經驗量（≒數據累積量）增加，降低成本開銷」的性質
先進者優勢	比競爭對手更早獲得數據，等同於「掌握先機」。
視覺化	原始大數據的良莠不齊，找出潛藏的規則性才具有真正的價值。

其中，「網路外部性」最為重要。例如，就商品的購買履歷數據而言，比起「100人份」的購買履歷，「100萬人份」的購買履歷更具有數據價值。母體愈大，統計分析的準確率愈高。

「經驗曲線效應」也是不容忽視的觀點，數據的累積相當於經驗量的累積。以「庫存管理最佳化」為例，隨著累計歷史「進貨量」和「滯銷量」的履歷數據，有助於調整「進貨量」來降低無謂的庫存。

◎ 資料預處理的概要

雖然前面形容原始的大數據「良莠不齊」，但同時也可比喻為「鑽石的原石」。原石經過研磨才顯得閃耀動人，維持原石的狀態沒有太大的價值，而「**資料預處理**」（data preprocessing）就相當於大數據的研磨作業。換言之，如同料理的事前備料，大數據也需要預先處理。

「資料預處理」的例子有「**資料清理**」（data cleansing）、「**排除異常值（離群值）**」。

原始大數據通常是雜亂不整齊的數據集合，「資料預處理」就是整頓數據「參差不齊」的準備作業。

如下所示，以「資料預處理」排除阻礙統計分析的「參差不齊」。

- 在統計分析的時候，對龐大的數據排列（升序、降序）和計算（合計值、平均值等）。

- 排列、計算項目之前，需要先排除數據的「參差不齊」。

- 原始大數據（參差不齊）的狀態不適合統計分析。

- 透過「資料預處理」，排除原始大數據的「參差不齊」。

■ 資料預處理的概要

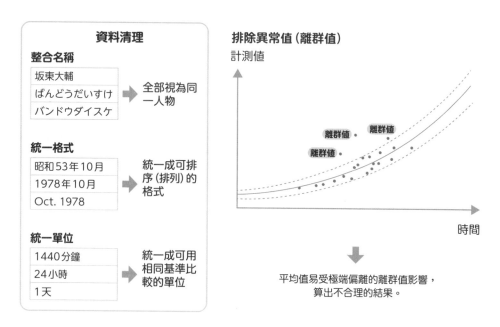

回饋控制的概要

「回饋控制」（feedback control）是指，根據「輸入」（Input）的變化調整（最佳化）「輸出」（Output）的控制。下面來看物聯網中的「回饋控制」。

物聯網「輸入」（Input）的代表例子有「各種感測器」，而物聯網中的「輸出」（Output）不勝枚舉，人類的需求有多少就有多少例子。「回饋控制」需要有從中調控「輸入」和「輸出」的角色，而「人工智慧」（AI）在物聯網

中扮演控制的角色。人工智慧會根據大數據的統計分析結果，控制（操作）物聯網裝置的動作。過往的「回饋控制」和物聯網的「回饋控制」之間有著明顯的差異，前者是針對特定輸入僅返回特定輸出的「套路」回饋，而後者是人工智慧經由機器學習愈加聰明，隨著大數據累積提升回饋的準確率。

■ 回饋控制的概要

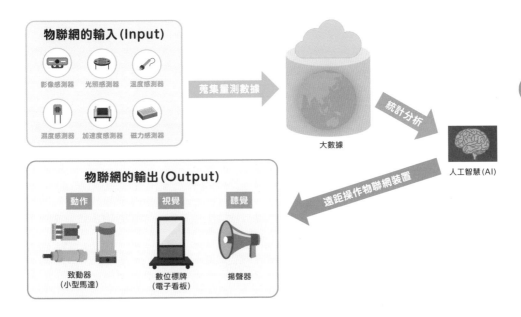

總結

▸ 決定數據價值的要素，包括「網路外部性」、「經驗曲線效應」、「先進者優勢」、「視覺化」。

▸ 「資料預處理」的例子有「資料清理」、「排除異常值（離群值）」。

▸ 「人工智慧」（AI）在物聯網中扮演「回饋控制」的主角。

48 維運系統
～留意資訊安全的系統～

包含物聯網在內，資訊系統「維運部分占了整體的九成」。系統生命週期（運作年限）愈長，愈加突顯維運的重要性。散布各地的物聯網裝置難以汰換，造成物聯網系統的生命週期通常比較長。

● 物聯網在資安上的威脅

相較於一般的資訊系統，物聯網在資安上屬於「易攻難守」。物聯網裝置通常在戶外（偏僻地）運作的性質，不但「容易暴露於不特定多數人面前」（易受攻擊），且「難以對散布各地的物聯網裝置施行對策」（難以防守）。

說到資安上的威脅，容易聯想「惡意第三者（亦即黑客）積極發動攻擊」。然而，資安事故其實大多起因於「使用者的過失」。

■ 物聯網在資安上的威脅

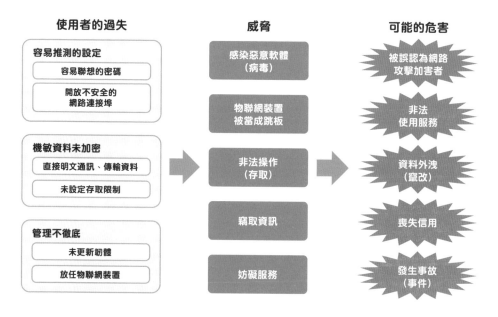

・容易推測的設定

若作業系統的登入設定「**容易聯想的密碼**」，黑客容易入侵物聯網裝置。尤其，Linux 通常會將管理員名稱設為「root」，一旦「root」使用者的密碼遭到破解，恐怕會遇到黑客為所欲為的情況。

「**開放不安全的網路連接埠**」是指，物聯網裝置連接外部通訊的「網路連接埠」（network port），維持預設的「公認連接埠」（well-known ports）。例如，SSH 通訊的標準（預設）埠號為「22 通訊埠」，由於任誰都知道標準埠號，容易淪落為黑客最先下手的目標。

・機敏資料未加密

若「**直接明文通訊、傳輸資料**」，會提高機敏資料外洩的風險。通訊加密可防止遭到攔截，而資料加密後即便物聯網裝置遺失遭竊，也可阻止機密外洩。

若「**未設定存取限制**」，高機敏的資料可能會遭到窺看、竄改，切記對管理員以外的使用者，僅賦予最低限度的檔案（資料夾）存取權限。

・管理不徹底

「**未更新韌體**」可能造成資安上的漏洞依然存在，許多時候只要更新韌體就可排除漏洞。然而，大多數的物聯網裝置不具備「遠距更新韌體的功能」，「韌體維持最新版本」是物聯網的一大課題。

「**放任物聯網裝置**」是任由不需要的物聯網裝置繼續運作，亦即「未受管理的裝置」的問題。對黑客來說，「未受管理的裝置」是絕佳的「跳板」，將其當作發動網路攻擊的據點。

・感染惡意軟體（病毒）

隨著物聯網的普及，也出現針對物聯網的「惡意軟體」（malicious software）。一般常聽聞的「（電腦）病毒」屬於「惡意軟體」的一種，是帶有自我增值（感染）功能的「惡意軟體」。

常見的物聯網「病毒」有「Mirai」，遭受感染的裝置會變成「殭屍」（bot：
網路攻擊的跳板），對其他電腦發動「DDoS」（Distributed Denial of
Service：分散式阻斷服務）攻擊。

■ 殭屍病毒 Mirai 與 DDoS 攻擊

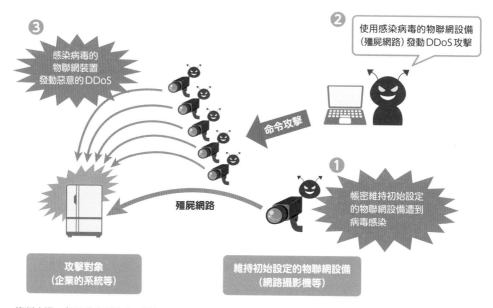

資料來源：〈IPA安心諮詢窗口〉第16-13-359號

「Mirai」是利用使用者的過失（容易聯想的密碼），劫持龐大數量的物聯網
裝置。換言之，「Mirai」的蔓延在在證明，世間充斥著資安對策不全的物
聯網裝置。與人類平常使用的「個人電腦」不同，「未受管理的裝置」感染
「Mirai」後會發動「游擊」攻擊，難以鎖定攻擊的源頭。「Mirai」好比物
聯網時代的 "游擊兵"。

◯ 物聯網的資安對策

易攻難守的物聯網裝置，需要防範資安上的威脅。然而，遺憾的是，資安對策沒有一應萬全的萬靈丹。

下面舉例說明物聯網的資安對策。

■ 物聯網的資安對策

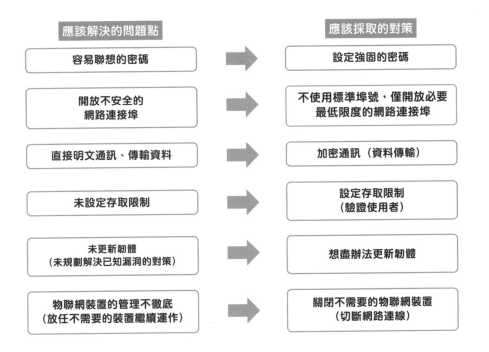

上述列舉的對策也不能說是完美無缺，若以預防感冒來比喻，相當於「勤漱口洗手」的預防程度。資安對策不存在完美的正解，但「有做總比沒做來得好」。就現實問題而言，明明知道施加對策「總比沒做來得好」，卻放任維持沒有作為的狀態，一旦遭受「Mirai」等威脅肯定淪為嚴重的慘事。以「Mirai」的案例來說，規劃「容易聯想的密碼」的對策，已判明可有效避免感染「Mirai」。簡言之，「勤漱口洗手」的預防程度正是資安對策的關鍵。

● 維運物聯網系統的注意事項

物聯網裝置多為「數量龐大、廣範圍散布」的運用，沒有一招打天下的維運方式。

下面來看維運物聯網系統的注意事項。

■ 維運物聯網系統的注意事項

注意事項	說明
不放任「未受管理的裝置」	「未受管理的裝置」恐被「黑客」當成跳板，建議物聯網裝置實裝遠距操作的功能，以便統一執行資安對策（更新韌體等）、管理裝置。
排除發生的故障	事前規劃故障發生時的應對手段，檢討下述事項： · 通知故障發生的手段（向雲端發送警報等） · 調查故障原因的手段（輸出日誌等） · 復原系統的手段（自動備份資料等）
明確規劃維運體制（責任範圍）	由於物聯網系統橫跨複數企業（感測器製造企業、電腦製造企業、通訊設備製造企業、無線網路供應業者、雲端服務業者等），需要明確整個系統的維運體制（亦即各家公司應承擔的「責任範圍」），否則故障發生時可能會「互踢皮球」，延誤解決問題。
實施耐熱試驗（老化試驗）	物聯網裝置正式運作（投入運用）後難以「召回」（回收），在正式運作前應該審慎進行「耐熱試驗」（老化試驗）。「耐熱試驗」（heat run test）是，確認長時間運作裝置有無問題的測試。 物聯網裝置啟動後，大多是「24 小時 365 天」常態持續運作，必須確認裝置不會運作途中異常停機。需要注意可能發生短期運作沒問題，但長期運作顯現下述問題： · 程式錯誤（記憶體漏失等） · 作業系統異常（常駐服務異常停止等） · 儲存空間即將用罄
故障弱化（fail soft）	故障發生時縮減功能（降低性能），來保持系統運轉的「降級運作」。 例如，當發生通訊故障，物聯網裝置無法連線雲端時，切換為單獨運作模式。

注意事項	說明
故障安全 (fail safe)	故障發生時，將系統轉為「安全」控制。 例如，規劃下述機制： · 電池即將用罄時自動關閉系統（防止「突然斷電」造成資料毀損） · 設定「看門狗計時器」偵測程式有無暴走（當系統當掉時重新啟動）
防範自然災害	物聯網裝置大多在嚴酷的戶外環境運作，容易受到自然災害影響。例如，沿著河川設置的裝置可能被洪水沖走。講得極端一點，物聯網裝置應以「非固定資產而是消耗品」為前提。
防範 「惡意第三者」	物聯網裝置大多暴露於不特定多數人面前，容易受到「惡意第三者」（黑客）攻擊，需要留意比一般的資訊系統更容易遭駭」遭散布惡意軟體（病毒）。

看到上述如此繁多的應執行、應注意事項，可能讓人對維運物聯網系統感到卻步，但總結來說就是做好「未雨綢繆」。物聯網系統一旦發生故障，通常比一般的資訊系統更難以復原，跌倒後才準備拐杖（預防對策、復原對策）就太遲了。雖然無法完全避免跌倒，但事前準備「拐杖」可減少跌跤的機會，即便跌跤了也容易重新站起來。

總結

▷ 資安事故大多起因於「使用者的過失」。

▷ 資安對策不可能做到「滿分 100 分」，但也要以「及格最低分」為目標。

▷ 物聯網系統的維運原則是做好「未雨綢繆」。

參考文獻 References

（本書所有篇章）

- Raspberry Pi 的圖片截自 Raspbian 財團官網：
  https://www.raspberrypi.org
- Arduino 的圖片截自 Arduino 官網：
  https://www.arduino.cc
- 「K-TAI Watch」：
  https://k-tai.watch.impress.co.jp
- 日本總務省資通訊技能綜合習得計劃：
  https://www.soumu.go.jp/ict_skill/

第 1 章　何謂物聯網開發？

- 「日本國內物聯網的基礎備市場預測」：
  https://www.idc.com/getdoc.jsp?containerId=prJPJ45972020
- 工業 4.0── 日本國立研究開發法人 科學技術振興機構：
  https://www.jst.go.jp/crds/pdf/2014/FU/DE20140917.pdf
- 「IPA 獨立行政法人 資訊處理推興機構」：
  https://www.ipa.go.jp
- 《OODA LOOP ── 次世代最強企業的高階決策技能》：
  Chet Richards（著），原田勉（翻譯），東洋經濟新報社
- ISO9241-210：
  https://www.iso.org/standard/77520.html
- 「The Definition of User Experience (UX)」：
  https://www.nngroup.com/articles/definition-user-experience/
- 〈在東京被智慧鎖擋於門外，沒智慧手機沒錢包求生到隔日早晨的故事〉：
  https://www.gizmodo.jp/2019/06/smartlock-lock-out-goodby-gafam.html
- 影像感測器「Raspberry Pi Camera Module V2」：
  https://www.amazon.co.jp/dp/B01ER2SKFS/
- 聲音感測器「The Grove - Loudness Sensor」：
  https://www.amazon.co.jp/dp/B00VYA0OPQ/
- 壓力感測器「Interlink Electronics 1.5" Square 20N FSR」：
  https://www.phidgets.com/?tier=3&catid=6&pcid=4&prodid=209
- 氣味感測器「TGS2450」：
  http://akizukidenshi.com/catalog/g/gP-00989/
- FPGA 板「Xilinx Spartan-6 FGG484 FPGA 板（XCM-019-LX45）」：
  https://www.amazon.co.jp/dp/B00N3LJBSK
- 無線設計指引：網路布局的檢討
  https://techweb.rohm.co.jp/iot/knowledge/iot03/s-iot03/02-s-iot03/3251
- 日本總務省｜平成 29 年版 資通訊白皮書｜LPWA：
  https://www.soumu.go.jp/johotsusintokei/whitepaper/ja/h29/html/nc133220.html
- 〈向自力建置物聯網說掰掰！舉辦藉助專業供應商成為物聯網技術人員的科技研討會！〉：
  https://iotnews.jp/archives/92394
- IoT & Consulting：
  https://www.executive-link.co.jp/column/735/
- 〈蘋果式垂直整合後，緊接著是「共享式水平分工」？〉：
  https://diamond.jp/articles/-/137729
- Architectural Styles and the Design of Network-based Software Architectures：
  https://www.ics.uci.edu/~fielding/pubs/dissertation/top.htm
- 「一般社團法人 資料科學家協會」：
  https://www.datascientist.or.jp
- 「Google Cloud MSP 提案」：
  https://cloud.google.com/partners/msp-initiative/?hl=ja

- Microsoft Azure 託管服務｜SB 科技（SBT）：
  https://www.softbanktech.co.jp/service/list/microsoft-azure/managed-service/
- GCP 綜合支援服務「顧客服務」：
  https://www.cloud-ace.jp/service/support/
- 「電波法 ── 日本總務省 電波使用首頁」：
  https://www.tele.soumu.go.jp/horei/reiki_honbun/a720010001.html
- 「日本總務省 HOME ＞無線基準認證制度＞制度的概要」：
  https://www.tele.soumu.go.jp/j/sys/equ/tech/index.htm
- 「Bluetooth 官網 以 Bluetooth 開發＞產品的品質保證」：
  https://www.bluetooth.com/ja-jp/develop-with-bluetooth/qualification-listing/
- 「物聯網推廣聯盟」：
  http://www.iotac.jp

第 2 章　物聯網裝置與感測器

- 「Cisco The Internet of Everything」：
  https://www.cisco.com/c/dam/global/en_my/assets/ciscoinnovate/pdfs/IoE.pdf
- 「加速度與陀螺儀感測器 MPU6050」：
  https://makers-with-myson.blog.ss-blog.jp/2016-04-04
- 〈GPS 收訊機套件 每個 1PPS 輸出對應 3 台「MICHIBIKI」收訊〉：
  http://akizukidenshi.com/catalog/g/gK-09991/
- 「超音波距離感測器 HC-SR04」：
  http://akizukidenshi.com/catalog/g/gM-11009/
- 「土壤濕度感測器 YL-69」：
  http://yamada.daiji.ro/blog/?p=953
- 「三軸加速度感測器模組 KXR94-2050」：
  http://akizukidenshi.com/catalog/g/gM-05153/
- SPI 通訊使用方式：
  http://www.picfun.com/f1/f05.html
- UART 的規格：
  https://mono-wireless.com/jp/tech/Hardware_guide/QA_UART.html
- 〈理解各種微控制器的低功耗模式〉：
  https://ednjapan.com/edn/articles/1607/21/news009_2.html
- 「Microchip PIC16F87/88 Data Sheet」：
  http://akizukidenshi.com/download/ds/microchip/PIC16F88.pdf
- 〈軟銀集團旗下的處理器企業、英國 ARM 皆將停止與華為交易？〉：
  https://www.newsweekjapan.jp/stories/world/2019/05/arm.php
- 進階微控板「BeagleBone Black」：
  https://www.rs-online.com/designspark/picavrno-1
- 〈將最新的 AI 力量導入無數的裝置 ── NVIDIA Jetson Nano〉
  https://www.nvidia.com/ja-jp/autonomous-machines/embedded-systems/jetson-nano/
- Teach, Learn, and Make with Raspberry Piaspberry Pi：
  https://www.raspberrypi.org
- Intel Neural Compute Stick 2 | Intel Software：
  https://software.intel.com/en-us/neural-compute-stick
- 「SparkFun GPS Logger Shield」：
  https://www.sparkfun.com/products/9487?
- 「CANDY Pi Lite」：
  https://www.candy-line.io/ 製品一覽 /candy-pi-lite/
- 〈何謂邊緣運算？ ── 日本｜IBM〉：
  https://www.ibm.com/jp-ja/cloud/what-is-edge-computing
- 〈現今應學的程式語言排行榜【2020 年最新版】〉：
  https://blog.codecamp.jp/programming-ranking
- ISO/IEC 9899:2011 Information technology ─ Programming languages ─ C：
  https://www.iso.org/standard/57853.html

- ISO/IEC 14882:2017 Programming languages — C++：
  https://www.iso.org/standard/68564.html

- C# 的相關文件：
  https://docs.microsoft.com/ja-jp/dotnet/csharp/csharp

-〈你與 Java〉：
  https://www.java.com/ja/

- 〈何謂 JavaScript ？〉：
  https://developer.mozilla.org/ja/docs/Learn/JavaScript/First_
  steps/What_is_JavaScript

第 3 章　通訊技術與網路環境

- 固定 IP 位址 MVNO「IPISHIMU」—— 指派固定全球 IP 的實惠
  SIM：
  https://ipsim.net

- sakura.io：
  https://sakura.io

- 資料通訊服務 SORACOM Air：
  https://soracom.jp/services/air/

- 〈5 分鐘簡單瞭解 ZigBee —@ IT〉：
  https://www.atmarkit.co.jp/frfid/special/5minzb/01.html

- 〈支持通訊的近距離無線通訊記述 —— 日本總務省〉：
  https://www.soumu.go.jp/soutsu/hokuriku/img/resarch/children/
  houkokusho/section2.pdf

- 〈第 648 回：何謂 Wi-SUN ？ —— K-TAI Watch〉：
  https://k-tai.watch.impress.co.jp/docs/column/keyword/632876.
  html

- 安心守護系列｜象印保溫瓶股份有限公司：
  https://www.mimamori.net/

- 〈ZEH（淨零耗能住宅）的相關資訊〉：
  https://www.enecho.meti.go.jp/category/saving_and_new/
  saving/general/housing/index03.html

- ECHONET：
  https://echonet.jp

- 〈第 95 回「LTE」的故事〉：
  https://www.hitachi-systems-ns.co.jp/column/95.html

- 不可不知的「LTE」究竟是什麼？
  https://www.au.com/mobile/area/4glte/800mhz/whatlte/

- LTE-Advanced：
  https://www.nttdocomo.co.jp/corporate/technology/rd/tech/4g/

- 「LTE-Advanced」有什麼進化？
  https://xtech.nikkei.com/dm/article/
  COLUMN/20130402/274611/

- 5G（第 5 代行動通訊系統）｜企業資訊｜NTT Docomo：
  https://www.nttdocomo.co.jp/corporate/technology/rd/tech/5g/

- 5G｜區域：智慧手機｜au：
  https://www.au.com/mobile/area/5g/

- SoftBank 5G｜智慧手機、行動電話｜軟銀：
  https://www.softbank.jp/mobile/special/softbank-5g/

- 區域型 5G 的導入指引 —— 日本總務省：
  https://www.soumu.go.jp/main_content/000659870.pdf

- LPWA 的概要：
  https://www.soumu.go.jp/main_content/000531436.pdf

- 藍牙科技網站：
  https://www.bluetooth.com/ja-jp/

- Bluetooth Low Energy（BLE）入門 —— 為何 BLE 受到全球青
  睞？
  https://eetimes.jp/ee/articles/1703/01/news005.html

- 何謂 iBeacon ？
  https://techweb.rohm.co.jp/iot/knowledge/iot02/s-iot02/04-s-
  iot02/3896

- WebSockets — MDN — Mozilla：
  https://developer.mozilla.org/ja/docs/Web/API/WebSockets_API

- IPA 獨立行政法人 資訊處理推廣機構構：資訊安全：
  https://www.ipa.go.jp/security/

第 4 章　物聯網資料的處理與運用

- Extensible Markup Language（XML）1.0（Fifth Edition）：
  https://www.w3.org/TR/xml/

- JSON 的介紹：
  https://www.json.org/json-ja.html

- The JavaScript Object Notation（JSON）Data Interchange
  Format：
  https://tools.ietf.org/html/rfc8259

- 何謂 NoSQL？（NoSQL 資料庫的解說與相關比較）｜AWS：
  https://aws.amazon.com/jp/nosql/

- CAP 定理 —— IBM Cloud：
  https://cloud.ibm.com/docs/services/Cloudant/
  guides?topic=cloudant-cap-theorem&locale=ja

- Graph Databases for Beginners: ACID vs. BASE Explained：
  https://neo4j.com/blog/acid-vs-base-consistency-models-
  explained/

- ACID versus BASE for database transactions - John D. Cook：
  https://www.johndcook.com/blog/2009/07/06/brewer-cap-
  theorem-base/

- Memcached - a distributed memory object caching system：
  https://memcached.org

- Amazon DynamoDB（託管 NoSQL 資料庫）｜AWS：
  https://aws.amazon.com/jp/dynamodb/

- Neo4j Graph Platform — The Leader in Graph Databases：
  https://neo4j.com

- 3. Cassandra 的概要 Cassandra 管理人員指引 第 15 版：
  2018-12-01 intra-mart Accel Platform
  https://www.intra-mart.jp/document/library/iap/public/imbox/
  cassandra_administrator_guide/texts/about/index.html

- 嘗試 HBase（1/5）：CodeZine
  https://codezine.jp/article/detail/6940

- Investing In Big Data: Apache HBase：
  https://blogs.apache.org/hbase/entry/investing_in_big_data_
  apache

- MongoDB: The most popular database for modern apps：
  https://www.mongodb.com

- Couchbase: Best NoSQL Cloud Database Service：
  https://www.couchbase.com

- The Four V's of Big Data：
  https://www.ibmbigdatahub.com/infographic/four-vs-big-data

- 何謂 Apache Spark ？ —— 徹底解說用法、基礎知識：
  https://www.atmarkit.co.jp/ait/articles/1608/24/news014.html

- 人工智慧學會（The Japanese Society for Artificial Intelligence）：
  https://www.ai-gakkai.or.jp

- AlphaGo｜DeepMind：
  https://deepmind.com/research/case-studies/alphago-the-story-
  so-far

- 「丟棄法」圖示引用的原論文：
  http://jmlr.org/papers/volume15/srivastava14a/srivastava14a.pdf

- Using large-scale brain simulations for machine learning and A.I.：
  https://googleblog.blogspot.com/2012/06/using-large-scale-
  brainsimulations-for.html

- 自動編碼器／autoencoder — MATLAB & Simulink：
  https://jp.mathworks.com/discovery/autoencoder.html

- Keras Documentation：
  https://keras.io/ja/

- 介紹可簡單用於高靈活性深度學習的程設介面 Gluon：
  https://aws.amazon.com/jp/blogs/news/introducing-gluon-an-
  easy-to-use-programming-interface-for-flexible-deep-learning/

- The Microsoft Cognitive Toolkit - Microsoft Research：
  https://www.microsoft.com/en-us/research/product/
  cognitivetoolkit/?lang=fr_ca

- scikit-learn: machine learning in Python.：
  https://scikit-learn.org/stable/

- ONNX：
  https://onnx.ai

- 統計、機器學習的專業術語：
  https://www.iwass.co.jp/column/column-10.html

第 5 章　雲端運用

- The NIST Definition of Cloud Computing — NIST Page：
  https://nvlpubs.nist.gov/nistpubs/Legacy/SP/
  nistspecialpublication800-145.pdf

- AWS IoT Core（將裝置連線至雲端）｜AWS：
  https://aws.amazon.com/jp/iot-core/

- AWS IoT Device Management（物聯網裝置的機載設備、編成、
  遠距管理）｜AWS：
  https://aws.amazon.com/jp/iot-device-management/

- AWS IoT Device Defender（物聯網裝置的資安管理）｜AWS：
  https://aws.amazon.com/jp/iot-device-defender/

- AWS Lambda（發生活動時執行程式碼）｜AWS：
  https://aws.amazon.com/jp/lambda/

- Amazon API Gateway（建立、維護和保護任何規模的 API）
  ｜AWS：
  https://aws.amazon.com/jp/api-gateway/

- 〈近來受到關注的新型雲端架構「FaaS」是？〉：
  https://knowledge.sakura.ad.jp/15940/

- 〈簡單講解「無伺服器架構與 FaaS」〉：
  https://www.itmedia.co.jp/enterprise/articles/1701/16/news026.
  html

- 〈無伺服器架構的 App 開發很麻煩！？〉：
  https://xtech.nikkei.com/it/atcl/
  column/17/062000249/062000002/

- 〈為何無伺服器架構受到注目？從零學習無伺服器架構（FaaS）
  入門篇〉：
  https://mmmcorp.co.jp/column/serverless/

- AWS IoT Analytics（物聯網裝置分析）｜AWS：
  https://aws.amazon.com/jp/iot-analytics/

- Amazon QuickSight（可從任意裝置存取的高速 BI 服務）
  ｜AWS：
  https://aws.amazon.com/jp/quicksight/

- Amazon 深度學習 AMI — Amazon Web Services：
  https://aws.amazon.com/jp/machine-learning/amis/

- Jupyter Notebook：
  https://jupyter.org

- Google Colaboratory：
  https://colab.research.google.com/

- AWS DeepLens（支援深度學習的攝影機）｜AWS：
  https://aws.amazon.com/jp/deeplens/

- Amazon SageMaker（大規模建置、訓練、部署機器學習模型）
  ｜AWS：
  https://aws.amazon.com/jp/sagemaker/

- AWS IoT Greengrass（將 AWS 無縫擴展至邊緣裝置）｜AWS：
  https://aws.amazon.com/jp/greengrass/

第 6 章　物聯網開發的案例

- XILINX — Adaptable. Intelligent.：
  https://japan.xilinx.com

- 1076-2008 - IEEE Standard VHDL Language Reference Manual：
  https://standards.ieee.org/standard/1076-2008.html

- 1364-2005 - IEEE Standard for Verilog Hardware Description
  Language：
  https://standards.ieee.org/standard/1364-2005.html

- 62530-2011 - SystemVerilog Unified Hardware Design,
  Specification, and Verification Language：
  https://ieeexplore.ieee.org/servlet/opac?punumber=5944938

- 1666.1-2016 - IEEE Standard for Standard SystemC(R) Analog/
  Mixed-Signal Extensions Language Reference Manual：
  https://standards.ieee.org/standard/1666_1-2016.html

- AI 運算公司 —— NVIDIA：
  https://www.nvidia.com/ja-jp/about-nvidia/ai-computing/

- Hardware-Software Codesign：
  https://www.sciencedirect.com/topics/computer-science/
  softwarecodesign

- Requirements for Internet Hosts -- Communication Layers：
  https://tools.ietf.org/html/rfc1122

- Internet Protocol, Version 6 (IPv6) Specification：
  https://tools.ietf.org/html/rfc2460

- Transmission of IPv6 Packets over IEEE 802.15.4 Networks：
  https://tools.ietf.org/html/rfc4944

- RPL: IPv6 Routing Protocol for Low-Power and Lossy Networks：
  https://tools.ietf.org/html/rfc6550

- SOAP Version 1.2 Part 0: Primer (Second Edition)：
  https://www.w3.org/TR/soap12-part0/

- The Constrained Application Protocol (CoAP)：
  https://tools.ietf.org/html/rfc7252

- AMQP:Home：
  https://www.amqp.org

- XMPP | XMPP Main：
  https://xmpp.org

- ActiveMQ：
  https://activemq.apache.org

- Messaging that just works — RabbitMQ：
  https://www.rabbitmq.com

- AWS Cloud9（以 Cloud IDE 編寫、執行和偵錯程式碼）：
  https://aws.amazon.com/jp/cloud9/

- Eclipse Che | Eclipse Next-Generation IDE for developer teams：
  https://www.eclipse.org/che/

- GitHub Codespaces：
  https://visualstudio.microsoft.com/ja/services/visual-studio-
  codespaces/

- Monaca — HTML 5 混合式應用程式開發平台：
  https://ja.monaca.io

- 雲端開發環境 PaizaCloud 雲端 IDE —— 以雲端 IDE 開發網頁！
  https://paiza.cloud/ja/

- MPLAB PICkit 4 線上除錯器使用者指引：
  http://ww1.microchip.com/downloads/jp/DeviceDoc/
  50002751C_JP.pdf

- HTML 5：
  https://www.w3.org/TR/2018/SPSD-HTML 5-20180327/

- ISO 8601 DATE AND TIME FORMAT：
  https://www.iso.org/iso-8601-date-and-time-format.html

- 〈物聯網蓬勃發展後史上最糟糕的 DDoS〉：
  https://japan.zdnet.com/extra/arbornetworks_201805/35119509/

索引 Index

英數字

5G 102, 126
6LowPAN 279
AMQP 282
Apache Hadoop 204
Apache Spark................................... 206
Arduino.............................. 026, 069, 072
ASIC 板 027, 070
Atmel AVR 061
AWS..................................... 041, 230, 232
Bluetooth...................................... 152
CAP 定理... 188
CDMA 118
CIM（電腦整合製造）............................ 013
FaaS.. 248, 249
FDMA 118
FOTA 124
FPGA 272, 274
Google Cloud 041
GPS 感測器 057
HDFS（分散式檔案系統）....................... 204
HEMS 109
HTML 5 299
HTTP 156
IaaS... 228
iBeacon 154
IDE 288
Intel HEX.. 087
Intel Neural Compute Stick 2 074
IoE... 054
IoT 閘道器 076, 139
IoT 推廣聯盟推進................................ 043
JSON 181, 184
Lambda 函數 246
LoRaWAN................................. 106, 137
LPWA....................................... 030, 136
LTE.. 115
LTE-M....................................... 115, 122

MAC 層 140
Massive MIMO.................................. 129
Microsoft Azure................................ 041
MIMO 121
mMTC 126
MongoDB... 199
MQTT 156, 282
MSP 040
NB-IoT 102, 146
NoSQL 186, 193
OFDMA 118
ONNX 225
OODA 循環....................................... 016
P2P 029
PaaS 228
PAN 103
PIC 061
PoC 019
PSM 123
Python 085
QPSK 120
Raspberry Pi 026, 073
SC-FDMA（Single Carrier-FDMA） 122
Sigfox 102, 141
SISO.. 121
SOAP 282
SoC（System on Chip） 067
SPI 057
TCP/IP 模型 278
TDMA 118
UART.. 057
UDP 280
UX（User Experience） 020
Verilog HDL 273
VHDL 273
WebSocket................................ 159, 282
WEP 111
Wi-Fi.. 110
WPA 111
XaaS.. 228
XML.. 181, 182

XMPP 282
ZigBee... 104

1 劃

一次（批次）.. 090
一致性（Consistency）............................ 188

2 劃

二進制檔 081
人工智慧 208

3 劃

大型基地台 128
大數據 202
小型基地台 128

4 劃

中間層 219
中斷插入 092
元資料 181
公有金鑰加密 166
分區容錯性（Partition-tolerance）.................. 188
分散式鍵值儲存.. 194
文件導向型.. 193

5 劃

加密 166
包裝器 225
可執行檔案.. 079
可移除式媒體 087
正規化 214
白金頻段 106, 117

6 劃

丟棄法 214
交叉編譯 293
全面託管服務 040
共用金鑰加密共通鍵方式............................ 166

列導向型 193
回饋控制 306
多工方式 118
多重存取 118
多點協調傳輸 122
自動編碼器 223
行銷測試 018

7 劃

串列通訊 057
即時處理 090
批次處理 090
私密金鑰加密 167

8 劃

函式庫 079
承載 161
直譯器 291
非正交多重存取.. 128
非結構化資料 180
非獨立 131

9 劃

封包 161
星狀 029

10 劃

原生 App 298
原型設計 019, 070
容器技術 034
振幅調變 119
特徵量 221
除錯器 293

11 劃

動態調度管理 034
區域 234
基因演算法.. 208

接力傳送 122
推播通知 159
深度學習 209, 220
深層學習 220
異質網路 122
組合語言 291

12 劃

單工 092
單板電腦 026, 066
單獨運作 131
就地部署 229
惡意軟體 164
無線模組 049
硬體描述語言 273
程式區域（ROM） 061
虛擬主機 286
超音波感測器 057
雲端伺服器 087
雲端原生 032, 033
韌體 086

13 劃

傳輸層 280
微服務 035
微控制器 060
感測器 025, 056
搭載 ARM 架構的微控制器 062
蜂巢式 136
解密 167
資料清理 305
資料預處理 305
資料儲存 194
電子憑證 170
電子簽署 169

14 劃

維度縮減 212, 214
網狀 029, 030
網路介面層 279

網路布局 029
聚類分析 211

15 劃

增強式學習 210
數據區域（RAM） 061
標頭 161
編譯器 291

16 劃

樹狀 029
機器學習 208
頻段 106, 117
頻段內模式 149
頻率運行模式 149

17 劃

殭屍軟體 310
鍵值儲存 194

18 劃

轉移學習 213

19 劃

邊緣運算 093, 130
鏈接 080
類神經網路 208, 218

20 劃

麵包板 027, 070

21 劃

響應式設計 033

圖解 IoT｜物聯網的開發技術與原理

作　　　者：坂東大輔

譯　　　者：衛宮紘

企劃編輯：莊吳行世

文字編輯：詹祐甯

設計裝幀：張寶莉

發　行　人：廖文良

發　行　所：碁峰資訊股份有限公司

地　　　址：台北市南港區三重路 66 號 7 樓之 6

電　　　話：(02)2788-2408

傳　　　真：(02)8192-4433

網　　　站：www.gotop.com.tw

書　　　號：ACH023300

版　　　次：2022 年 03 月初版

建議售價：NT$520

國家圖書館出版品預行編目資料

圖解 IoT：物聯網的開發技術與原理 / 坂東大輔原著；衛宮紘譯.
-- 初版. -- 臺北市：碁峰資訊, 2022.03
　　面；　公分
　　ISBN 978-626-324-073-5(平裝)
　1.CST：物聯網　2.CST：網路產業　3.CST：技術發展
484.6　　　　　　　　　　　　　　　　　　111000085

讀者服務

● 感謝您購買碁峰圖書，如果您對本書的內容或表達上有不清楚的地方或其他建議，請至碁峰網站：「聯絡我們」\「圖書問題」留下您所購買之書籍及問題。(請註明購買書籍之書號及書名，以及問題頁數，以便能儘快為您處理)
http://www.gotop.com.tw

● 售後服務僅限書籍本身內容，若是軟、硬體問題，請您直接與軟體廠商聯絡。

● 若於購買書籍後發現有破損、缺頁、裝訂錯誤之問題，請直接將書寄回更換，並註明您的姓名、連絡電話及地址，將有專人與您連絡補寄商品。